跳出思维定式，寻求创意表现！让你准确表达设计意图，快速提升产品创新能力！

SKETCHING PRODUCT DESIGN PRESENTATION

产品手绘与
设计思维

[荷] 库斯·艾森（Koos Eissen） 罗丝琳·斯特尔（Roselien Steur）编著 种道玉 译

中国青年出版社
CHINA YOUTH PRESS

律师声明

北京市中友律师事务所李苗苗律师代表中国青年出版社郑重声明：本书由著作权人授权中国青年出版社独家出版发行。未经版权所有人和中国青年出版社书面许可，任何组织机构、个人不得以任何形式擅自复制、改编或传播本书全部或部分内容。凡有侵权行为，必须承担法律责任。中国青年出版社将配合版权执法机关大力打击盗印、盗版等任何形式的侵权行为。敬请广大读者协助举报，对经查实的侵权案件给予举报人重奖。

侵权举报电话

全国"扫黄打非"工作小组办公室　　　　中国青年出版社
010-65233456　65212870　　　　　　010-50856028
http://www.shdf.gov.cn　　　　　　　E-mail: cyplaw@cypmedia.com

版权登记号：01-2016-3735

图书在版编目（CIP）数据

产品手绘与设计思维 /（荷）库斯·艾森，（荷）罗丝琳·斯特尔编著；种道玉译 .
一北京：中国青年出版社，2016.9
书名原文：Sketching, Product design Presentation
ISBN 978-7-5153-4436-2
Ⅰ . ①产… Ⅱ . ①库… ②罗… ③种… Ⅲ . ①产品设计－绘画技法 Ⅳ . ① TB472
中国版本图书馆 CIP 数据核字（2016）第 199510 号

产品手绘与设计思维

[荷] 库斯·艾森　罗丝琳·斯特尔 编著　　种道玉 译

出版发行　中国青年出版社
地　　址：北京市东四十二条21号
邮政编码：100708
电　　话：（010）50856188 / 50856199
传　　真：（010）50856111
企　　划：北京中青雄狮数码传媒科技有限公司
策划编辑：陈　皓　曾　晟
责任编辑：刘稚清　刘冰冰
封面制作：吴艳蜂
印　　刷：深圳市泰和精品印刷有限公司
开　　本：889 x 1194　1/16
印　　张：12.5
版　　次：2016年9月北京第1版
印　　次：2018年8月第2次印刷
书　　号：ISBN 978-7-5153-4436-2
定　　价：168.00元

本书如有印装质量等问题，请与本社联系　电话：（010）50856188 / 50856199
读者来信：reader@cypmedia.com　　　　投稿邮箱：author@cypmedia.com
如有其他问题请访问我们的网站：http://www.cypmedia.com

"北京北大方正电子有限公司"授权本书使用如下方正字体
封面用字包括：方正兰亭黑系列

前　言

《产品设计手绘技法》与《产品手绘与创意表达》这两本图书出版之后受到了广大读者的喜爱，所以我们针对每位设计师都会面临的设计表现问题，又出版了这本图书。

关于这个主题，其中一个最有趣的方面是寻求相关的表现规则：如何让表现更加有效。我们希望这本书的出版能够激发设计领域学生的灵感。书中介绍了多个国际知名设计工作室的优秀设计案例，虽然这不是一本单纯关于草图和绘画的图书，但是我们依然确信，草图在设计表现中能够发挥巨大的作用。

我们要感谢为这本图书提供素材的所有设计师，他们很乐于通过这些优秀的案例分享不同设计阶段关于设计表现的经验。

我们还要感谢英国BIS出版有限公司的鲁道夫（Rudolf）和比翁达（Bionda），以及文字编辑莎莉娜·鲁伊特–包豪斯（Sarina Ruiter-Bouwhuis），还要特别感谢平面设计师桑德拉·范·德·皮滕（Sandra van der Putten）的出色工作。

我们希望你们作为（未来的）设计师将会寻找到属于你们自己的设计表现方式。

库斯（Koos）和罗丝琳（Roselien），2014年10月

www.sketching.nl

目录

第一章
你的爬行动物脑

我们的感知主要发生在我们的大脑之中, 其中一个重要部分就形成于我们所谓的 "爬行动物脑" 中。这篇介绍性的章节中构建了各种感知理论和信息显示理论的框架及研究的起点, 它为后续章节内容的展开建立了基础。

第二章
设计表现与格式塔理论

格式塔理论是在人们如何感知视觉信息实验的原则基础上建立的，在产品设计语境中简要介绍几种重要的格式塔原则。

第三章
视觉语义

所有视觉信息似乎都代表着这样或那样的意义，而这个意义对每个人来说并不都是一样的，这取决于许多因素，比如职业和文化差异，特别是在这个大众创业的时代，作为设计师必须清楚地掌握这一点。

第四章
设计表达中的视觉修辞

一名设计师在设计中要表达的内容很多, 在某些情况下, 他/她在设计中表现的内容非常丰富, 例如造型、进度或工艺装配。在其他情况下, 设计表现需要具有更加使人信服或者打动人心的特点, 视觉修辞在上述情况中都能够发挥重要作用。

第五章
感知的整体研究

一张设计表现图, 特别是一张综合文字、照片、草图和渲染图的、复杂的设计表现图能够对人的多种感知层面产生影响, 最后一章针对这些层面探讨视觉表达的感知力和创造力。

简 介

这本书的核心内容是（工业）产品设计视觉语言的应用与表现。作为一个设计师，尤其是工业设计师，会花费大量的时间与他人交流自己的想法，在设计过程中的不同阶段，一定形式的设计表现是必不可少的。这本书中探讨了各种各样的视觉表现形式，例如早期进度报告的设计表现、进行初期概念方案筛选的设计表现、用于筹资的设计表现、用于工程交流的设计表现、最终成果汇报的设计表现或者项目转让的设计表现，等等。设计表现的内容和品质在很大程度上决定了这些环节的成败。此外，想要跟设计表现所面对的受众（设计总监、客户、股东等）进行更好的交流，设计可视化是不可缺少的方式。

这些受众可能是设计工作室的内部人员，例如同事或者管理者，在一些情况下，还可能包括客户、制造商或用户。在不同的情况下设计表现需要传达的信息是不同的，有可能是出于筹资的目的，也有可能是为了把设计方案向工程转化，表现的内容可以是一个创新的想法、一个功能性的造型、一张教学的图片或者一本使用手册。

简而言之，针对不同的对象和不同的内容，需要选择特定的方式来表现。

在这本书中出现的图像是典型的二维视觉信息，它可能是一张草图、一张渲染图、一张照片或是这些信息的组合，再添加一些简短的文字作为备注或说明。

在我们之前出版的图书中讲述的是工业设计领域中的设计表现方法，不管是传统的手绘方式还是运用各种软件的数字技术绘图方式，我们更多关注的是草图绘制行为本身，强调各种各样的绘图技巧，这次我们努力展现给大家的是草图和图纸在设计表现中能够起到的重要作用。我们通过方案筛选、分析及评估等方案构思过程的草图来展现本书中的大多数设计案例，同时，这本书也会通过视觉传达方式来探讨各种草图的绘制方法。

我们在书中展示的国际设计工作室的设计案例，都是通过专业的和直观的方式运用视觉感知理论的实际案例。我们把最能够表达章节内容的重点案例放在每个章节的最后，同时我们也鼓励读者从其他的案例中寻找到更多的格式塔理论、视觉语义学及视觉修辞学的运用方式，从而有助于在产品设计范围内更好地理解这些知识。

在本书中，我们针对这些案例配合一些图片进行直观地展现，同时，添加一定的说明文字和注释来指明之前章节中提到的一些细节。为了不影响阅读的连贯性，你将会看到我们为这些说明文字选择了不同的字体，更加便于阅读。

我们将论述爬行动物脑理论、格式塔理论、视觉语义学和视觉修辞学的重要性，最后我们会简要地讲解视觉感知本身。在产品设计语境中我们将讨论格式塔理论的影响；在讲述视觉语义的章节中我们将着重讨论视觉信息本身，以及它是如何指代一定的意义，这些信息对每个人来说都有着不同的理解；在视觉修辞学的章节中，我们将讨论如何说服你所面对的对象，以及了解对象的重要性；在最后一个章节中，我们将对视觉感知进行整体的分析和总结。

如果你熟悉视觉感知的科学研究，你很可能会意识到，在这本书中我们普遍运用了"标准"图形来说明这些著名的理论。我们的目的是在一定的产品设计语境中解释视觉感知，就如同专业设计师在日常工作中所展示和交流的那样。

视觉传达理论是研究和讨论图像的有效工具，另一方面，直觉对于创造力有着重要的影响。

亨利·柏格森（Henri Bergson，《形而上学导论》，1903年）把直觉定义为一种简单的、不可分割的体验，这种体验使人们置身于对象之中，以便与其中独特的、无法表达的东西相符合。这种绝对的符合通常是一种完美的感受，存在的本身就是完美的，这种感觉可以无限发展，并能够通过简单的、不可分割的直觉行为被理解为一个整体，进而在分析的时候无限列举。

Audi汽车设计，中国

为北京设计的汽车，马可，北京工业大学学生

设计案例

从德国英戈尔施塔特Audi汽车总部来的三名设计师于2011年夏天共同建立了Audi Design China，该机构的主要任务是设计趋势分析、人才挖掘、设计交流以及设计基础建设。在机构建立后的第一个月就与中央美术学院和北京工业大学展开了合作，我们寻找到的第一个中国设计师就受雇于我们的办公室。"为北京设计的汽车"是我们的第一个设计项目，马可完成了他在北京工业大学的学习，并得到了在新成立的Audi Design China工作室完成毕业设计的机会。

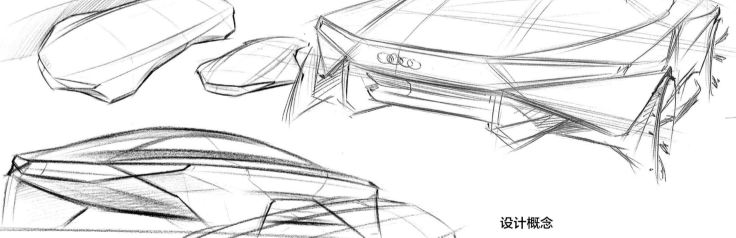

设计概念

针对"为北京设计的汽车"这一概念，马可为他的设计方案确定了一个基本定位：汽车的使用者可以很容易地定制和修改这辆车，这辆车可以针对一天中的不同需求来进行变化。作为经销商来说，甚至可以快速地改变这辆车的全部特征，可以把豪华轿车变成双门跑车或者是旅行轿车，这辆车里可以容纳两个成人和一个孩子。

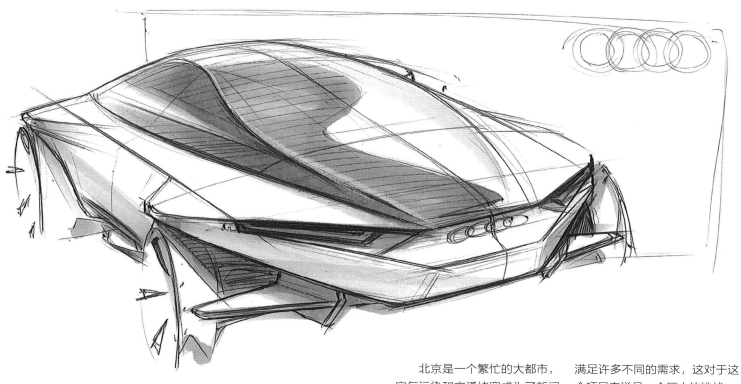

初期构思：探索各种造型及可能性

北京是一个繁忙的大都市，空气污染和交通堵塞成为了新闻关注的焦点，然而，在中国拥有一辆汽车仍然是地位和成功的象征。北京政府现在已经严格限制城市中新车的数量，新汽车的牌照只能通过定期的摇号获得，中签的几率非常低。

在北京大多数人只能拥有一辆汽车，为北京设计的汽车必须满足许多不同的需求，这对于这个项目来说是一个巨大的挑战。

Audi汽车进入中国的时候被定义为公车用途，用户多为较为保守的人。如今，这张设计图展示了更具现代感的造型，"我想着重强调这一设计要点，"马可说，"我想为北京年轻时尚的人群设计一款Audi汽车"。

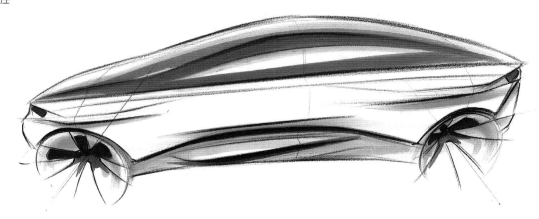

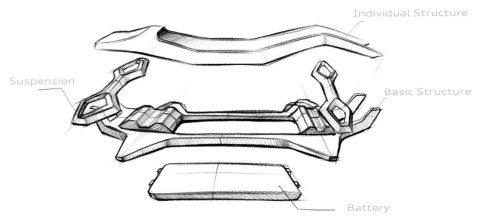

汽车的结构布局，展示分开的、独立的结构

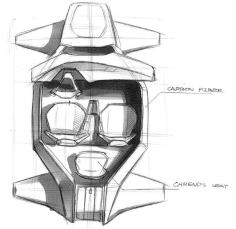

设计方案

　　Audi汽车以所谓的包豪斯设计而闻名，形式服从功能，清晰且简单的形式高度遵循逻辑规则。由于中国文化和建筑也同样遵循严格的规则，所以这种特点得到了中国消费者的高度认同。在这两种文化之间，我们进行了比较并试图找到共同点。在设计过程中，我们为Audi汽车寻找新的造型语言，我们称之为"中国的包豪斯"。设计中清晰的线条和平直的表面使得整体显得和谐而高雅。

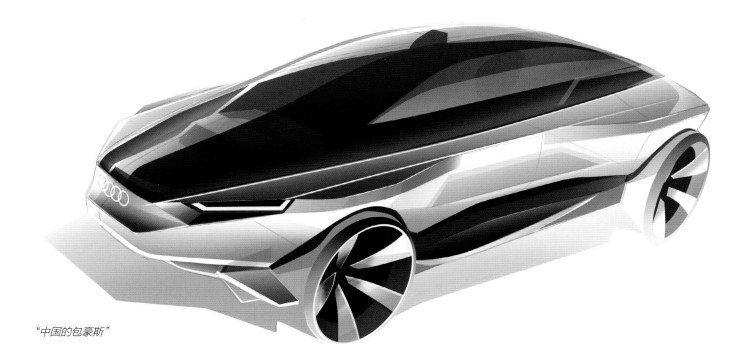

"中国的包豪斯"

设计过程中的图纸主要用于设计团队内部的交流。我们每周制作项目进展报告，根据收到的反馈信息加速设计进程，有时图纸也作为调整草图的底图来使用。

此外，我们把项目进展报告发送到位于德国英戈尔施塔特的Audi总部，这样我们可以获得一定的预算用于制作1:4比例的外观及内饰模型。在CAD模型完成后，我们就可以制作实物模型了。

其中的一部分图纸被用于最终汇报

注释：值得注意的是，草图中所表现出来的是典型的西方汽车设计风格，不是中国的风格。

设计师想要强调这个设计的对象是现代的、年轻的、时尚的人们，因此，设计中没有对传统文化要素的表达。

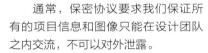
马可对于Audi设计语言的组合能够很好地诠释Audi品牌的形象

通常，保密协议要求我们保证所有的项目信息和图像只能在设计团队之内交流，不可以对外泄露。

然而，因为这是第一个开放的试验性项目，它的成功能够让德国Audi总部相信中国同样有优秀的设计师，我们很高兴能与中国模型师及喷漆工厂进行合作。同时，很幸运的是，在整个设计过程之中针对不同方面的问题，我们也能够有机会与英戈尔施塔特的Audi总部之间进行沟通。

这个设计方案以1:4比例的实物模型在北京工业大学的毕业设计展上进行了展览。此外，这个方案也提交给了德国Audi董事会以及Audi中国研发中心（R&D Centre of Audi China）的国际媒体。

针对这个设计方案，尤其是1:4比例的实物模型，我们收到了很多反馈，其中最值得肯定的是它代表了Audi设计在中国的一个成功开端。

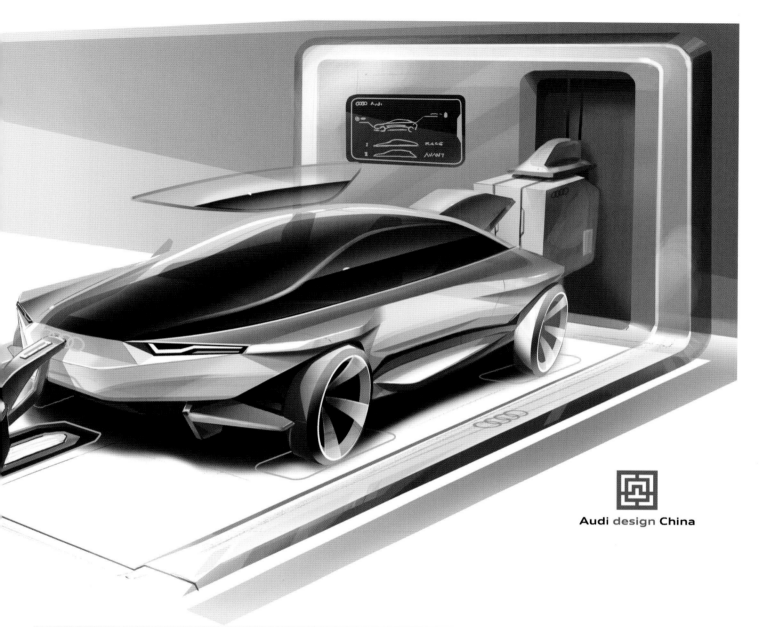

Audi design China

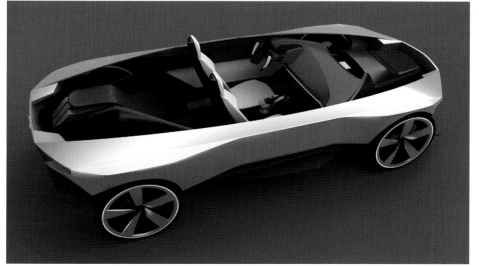

　　与此同时，我们在2014年已经成长为一个10人的工作室，并且打算进一步扩大团队规模，西方设计师和中国设计师为Audi汽车概念设计和一系列的项目每天在一起工作。

　　中国人和西方人之间的文化差异有很多……最大的区别可能是，中国人所具有的"一切皆有可能"的工作态度！

第一章
你的爬行动物脑

我们的感知主要发生在我们的大脑之中，其中一个重要部分就形成于我们
所谓的"爬行动物脑"中。这篇介绍性的章节中构建了各种感知理论和信息
显示理论的框架及研究的起点，它为后续章节内容的展开建立了基础。

1.1 我们的三部分脑

我们的大脑已经进化了数百万年，但是直至今天，大脑的功能只能通过它的进化过程而被认识，我们可以将大脑分为三层：旧脑、中脑和新脑[1.1]；还有另外一种十分相似的说法，将大脑分为本能层、行为层和反思层[1.2]。

基本理论认为，相对于旧脑和中脑来说，新脑是最新进化产生的，它是人类意识产生的部分，负责推理和逻辑思维（即反思）。中脑是生成情绪的部分，不同的情绪会导致一定的行为发生，旧脑所具有的功能则是帮助人类作为个体或者种群能够存活下去。旧脑（无意识地）控制身体的机能，例如心跳和呼吸，它是一种本能的反应，例如生存（攻击或逃离的反应机制）、生理机能的维持与支配、能量的囤积、身体的自我修复及交配，这些都是在大脑的本能层中无意识产生的，但是对于人类来说却是十分重要的。旧脑能够让你在遇到交通事故的时候降低车速，遇到危险的时候发出警报；它能够帮助你作为一个物种生存下去，能够被异性吸引；能够让你渴望和寻找食物来维持你每天的基本生存。

这就是旧脑，即爬行动物脑，是大脑最小的一部分，但是却非常强大，对于感知起着至关重要的作用。大脑的这一部分被称为"爬行动物脑"，是因为它与现在爬行动物的大脑相类似，它几乎是不可能不受影响的，但是好在爬行动物脑的反应不会作用于自身。值得庆幸的是，大脑的其他两层在选择如何应对爬行动物脑产生的反应时也发挥了一定的作用。例如，当我们由于愤怒而情绪失去控制时，我们的爬行动物脑就会处于主导地位。同样，当人们声称他们"反应是从内心发出的而不是头脑"的时候，这样的反应很可能是来自于他们旧脑中的（原始的）情感。

因为旧脑起着至关重要的潜意识作用，所以危险、食物和性是吸引人们注意力十分有效的方法，这一原则在广告中被广泛应用，这种所谓的"神经营销"理论试图唤起人们本能的反应。

我们的大脑已经慢慢进化成为明显的三层，每个被处理的（视觉）信息都以本能、行为和反思三种方式来呈现。

树枝上的变色龙

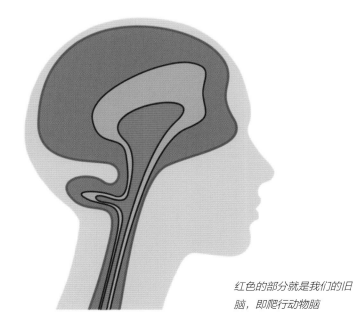

红色的部分就是我们的旧脑，即爬行动物脑

　　大脑反应的顺序与大脑的进化顺序相一致，甚至反映出人类的学习曲线。孩子最开始的反应来自于旧脑发出的信号，在这之后，大脑的另外两层逐渐受到更多的影响。

　　最终，大脑的三层之间自上向下和自下向上进行相互作用与调节。

1.2 本能层

我们所谓的本能层与"旧脑"或"爬行动物脑"相对应，在这一层中的判断都是自动、快速并且无意识的，这就是我们所说的"直觉"，这些都是我们对外部情况的一种反应。例如我们会给某种东西打上"漂亮"的标签，或者把颜色与心情相联系，这个大脑层决定了一种东西如何影响我们，同时对应于这种反应会产生一定的情感。

行为层与反应的有效性相关，它可以增强或抑制其他两个大脑层。

第三个反思层将反应变得合理和理智，它无法接收到直接的感官刺激，但是会影响反应层与行为层。在这一大脑层中，文化的差异性变得尤为突出，对事物的观点由此形成，从而影响和改变我们的行为。

所有人大脑中的本能层几乎是一样的，它通过模式匹配进行工作。虽然我们现在所居住的城市或乡村住宅与原始洞穴已经完全不一样，但是我们的旧脑仍然积极寻找在进化早期阶段所形成的模式。

模式

我们可以区分正面和负面的模式，积极的模式有：明亮高饱和度的色彩、温暖、对称、光滑的圆形，以及富有美感的图形。消极的模式有：突然出现的强光、黑暗、光秃平坦的土地、过于密集的环境、拥挤的人群、畸形的人体、看不清楚的物体，以及尖锐的物品。我们发现这些与原始生存状态是如此吻合，鲜花和水果具有明亮高饱和度的色彩及对称的形状。为了确保我们的安全，我们必须小心光线的突然变化，以及尖锐的物体等等。

p. 22

p. 125

这张图片通常被认为是"正面的"

这张图片通常被认为是"负面的"

reflective level

behavioural level

visceral level

大脑的三层之间自上向下和自下向上进行相互作用与调节

Ogilvy公司为WWF（世界自然基金会）设计的"红色金枪鱼"活动海报，法国

HABA公司的Lilli玩偶
产品图片，德国

参考文献

[1.1]   100 Things Every Designer Needs to Know About People,
        Susan Weinschenk

[1.2]   Emotional Design, Donald A. Norman

1.3 爱好

在人类大脑的进化过程中，首先形成的是爬行动物脑，然后到中脑，最后发育的是反思层的新脑。如果我们比较人类从孩子到成人的成长过程，会发现与人类使用不同大脑层的过程极其相似。孩子们主要使用他们的旧脑，即本能层，因此小孩对待玩具通常会表现出本能的原则。

随着年龄的增长，在这个本能层之外，我们开始倾向于探索新的事物并获得一定的经验。我们开始使用大脑的行为层和反思层，从这两个部分做出的反应最终会替代本能层的反应，本能的消极反应可以通过反思变得积极。例如，我们习惯了（或克服了恐惧）拥挤或嘈杂的城市，以及习惯了很多美味可口的菜肴里包含了苦味。此外，对颜色的偏好也变得丰富而微妙。我们对于事物的探索和分析超出了本能层的限制，这被我们称之为"爱好"。

随着我们的生长发育，行为层和反思层会受到越来越多的影响，行为层和反思层对于训练、教育、（亚）文化和时尚（趋势）会变得敏感，这就解释了为什么像对称的形态或高饱和度的颜色，这样出于本能、本应该愉悦人们的事物或者说积极的模式，并不是被所有人喜欢，在后面关于格式塔理论的章节会详细讲述。

广告巧妙地利用了人们的本能反应：
DDB集团为班加罗尔警察局所做的"开车请勿打电话"的宣传海报，印度

Pelliano品牌服装，荷兰

西服、配饰与包装设计

　　Pelliano品牌通过一种特殊的方式来设计和销售智慧服装，帮助男人更好地着装。我们不害怕与时尚观念相背离，通过使用所有现代技术和经济的可能性来进行设计与销售。Pelliano品牌服装将有趣的、年轻的态度与古典风格相结合，它将自己定位于为20岁至40岁男性服务的智慧男装品牌。

抽象的概念

　　在我们的设计和开发过程中视觉传达起着重要的作用，下面的草图表现方式经常被用于将抽象概念快速地可视化。例如，团队会议上不管是研究商业谈判的最佳方法还是销售建议书的企划，当讨论到呈现什么内容和如何呈现的时候，草图的作用尤为突出，把快速绘制的草图与（速记的）文字很好地结合，目的不是追求精确，而是用于展示。

"我是完美的"产品海报

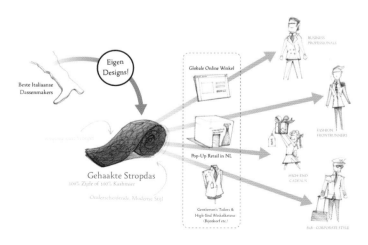

商业模式

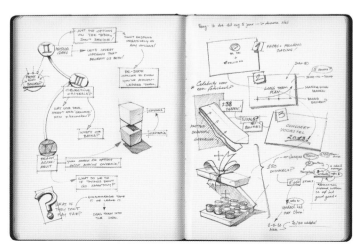

研究策略

西装、夹克和领带的设计

左侧的草图是为了突出具体细节和效果而为制造商绘制的，因此看上去有更多的工艺和细节展现，同时也部分地展示了材料的质感。这样的草图不同于团队内部使用的草图（我们的设计师团队或Pelliano团队），因为它们的表现更强调颜色和材质，同样也不会用来与终端用户进行沟通——给用户的图片通常会更加全面地展示与用户相关的语境。

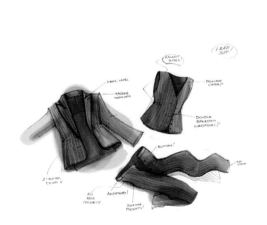

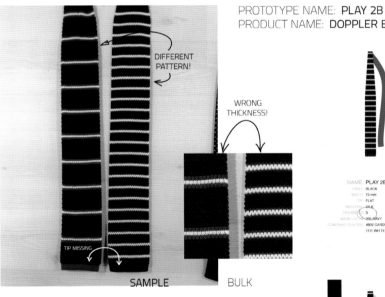

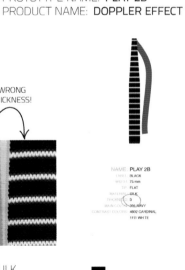

PROTOTYPE NAME: PLAY 2B
PRODUCT NAME: DOPPLER EFFECT

NAME: PLAY 2B

我们用照片形式的图像呈现制造商提供的反馈信息，这些图像是在照片上添加简单的绘图和文字，最重要的是，这些图像的目的是能够清晰地展现出一些样品在生产过程中出现的问题，这种方法比发送附加图片的电子邮件更加有效和直接。

注释： 事实上，几乎所有的视觉传达都可以与现实事物达到高度吻合。图像的展示可以在视觉和感觉方面达到高度的一致性，它能够让你觉得仿佛可以触摸般的真实，这一点可以被很好地用于让使用者来体验设计。

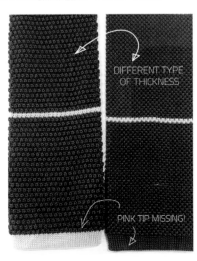

NAME: CHARM 1

PROTOTYPE NAME: CHARM 1
PRODUCT NAME: BAD ACID

outside front　　　outside back　　　inside front　　　inside back

elastic string for holding suit in it's place

ENVELOPE WITH INVOICE, SUIT STORY ETC.

POUCH FOR SUIT CARRYING BAG

PACKAGED IN PAPER AND WITH RIBBON AROUND IT.

PACKAGED IN PAPER

RIBBON + STICKER

ELASTIC STRING HOLDS SUIT IN PLACE

西装盒的设计

　　Pelliano服装包装的设计出发点总是来自于产品的实际体验，因而与同类产品相比，有着不同的包装方式。为了向团队成员、合作伙伴和制造商清晰地表达这些想法，我们用Adobe Photoshop绘制了透视草图，目的是表达合上和打开时包装的整体感觉；侧视图表达的是盒子已经打开但是西装仍被包裹在盒子里的样子；最后，上方侧视图的作用是最大程度地减少歧义，内容包含：准确的尺寸、图形、文字的位置以及一些其他元素。

注释：各种各样图形的使用为"感觉"和"清晰"的结合提供了很好的选择。
新买的西装包装盒以棺材这个形象出现，它提醒用户，买了一件新衣服之后应该把旧的扔掉。

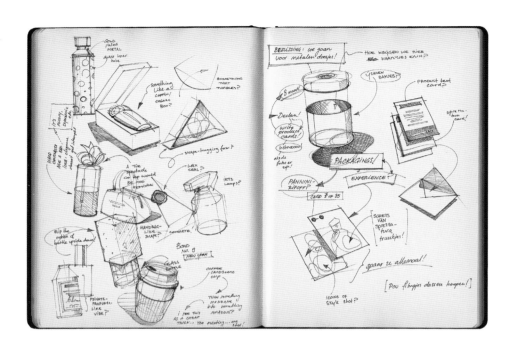

领带盒的设计

　　最初的草图是由设计师独立完成或者与包装的合作伙伴共同完成，在绘图本上绘制的粗略草图（通常是以手绘方式草草地记录下想法）用于快速记录造型的创意或互动的概念。

　　这张照片显示了最终方案的效果，它是在一个实物模型上添加具有浮雕效果的产品标识。这个标识是矢量图形，改变了透视角度来配合具有三维透视效果的照片。这些数字手段的应用能够帮助我们表现出在盒子上做出浮雕的粗略效果。

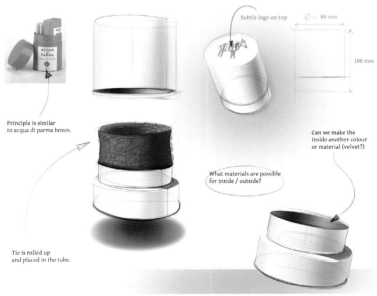

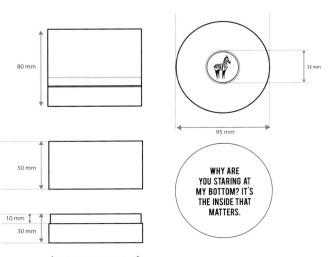

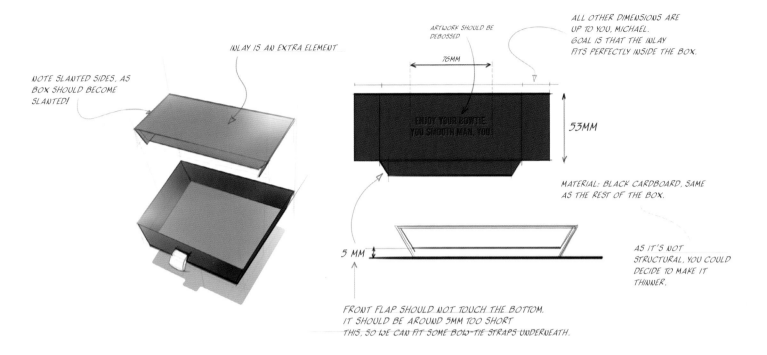

NOTE SLANTED SIDES, AS BOX SHOULD BECOME SLANTED!

INLAY IS AN EXTRA ELEMENT

ARTWORK SHOULD BE DEBOSSED

ALL OTHER DIMENSIONS ARE UP TO YOU, MICHAEL. GOAL IS THAT THE INLAY FITS PERFECTLY INSIDE THE BOX.

76MM

ENJOY YOUR BOWTIE YOU SMOOTH MAN, YOU.

53MM

MATERIAL: BLACK CARDBOARD, SAME AS THE REST OF THE BOX.

5 MM

AS IT'S NOT STRUCTURAL, YOU COULD DECIDE TO MAKE IT THINNER.

FRONT FLAP SHOULD NOT TOUCH THE BOTTOM. IT SHOULD BE AROUND 5MM TOO SHORT THIS, SO WE CAN FIT SOME BOW-TIE STRAPS UNDERNEATH.

领结盒的设计

当我们与远在世界另一端的制造商一起修改原型的时候，使用表达清楚的图像会大大地提高效率。一方面是因为你不是当面指着实物提出问题，例如，"我想让这条边变得更加尖锐一些"，另一方面可能是因为语言和文化障碍。这些图像都是经过数字手段编辑过的，在某方面进行了突出或强调，目的不是制作完美的合成图片，而是针对这个盒子的形态创建一个有效而快速的交流方式。

在原图上可以给盒子添加尺寸，调整图像的透视角度（表现阴影）。文本的添加使得图像更加清晰明了。

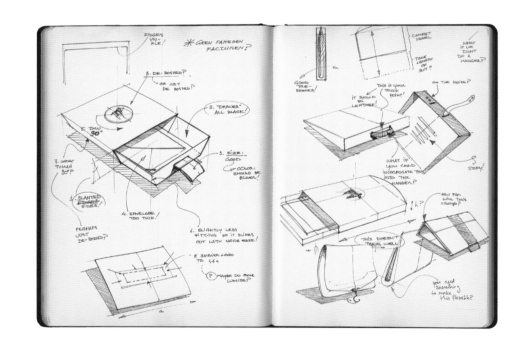

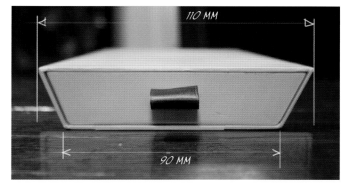

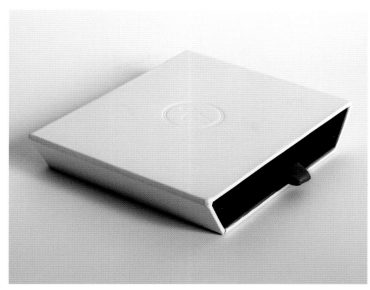

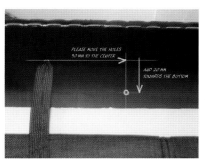

产品宣传单的设计

在拜访了客户之后，我们Pelliano的销售人员会把产品宣传单留给客户。尽管产品给客户代表留下了深刻印象，但是他们往往不是最终的决策者，通常回到办公室后，他们还要去说服同事或老板。针对这种情况，产品宣传单必须要能够传达Pelliano的故事和品牌形象，清晰明了地展示产品，最终还要能够提供最重要问题的答案（交货方式、产品尺寸等）。讲故事和品牌形象是产品宣传单重要的一部分，因为它是一种视觉语言，反映了Pelliano员工的真实生活：幽默、高雅及对产品的爱，用清晰的方式讲述有趣的故事。

第二章
设计表现与格式塔理论

"这些箱子一定是在密谋什么"

格式塔理论是在人们如何感知视觉信息实验的原则基础上建立的，本章通过产品设计草图和表现的内容阐述和讨论了九个重要的格式塔原则。

格式塔原则可以让视觉信息更有效，并且建立整体性。在140多种格式塔原则中，我们将重点关注：蕴含原则、封闭原则、图形与背景原则、邻近原则、相似原则、连续原则、经验原则、均质连结原则和对称原则。

运用格式塔原则，我们将讨论以下这几个方面的内容：

– 建立视觉焦点

– 建立视觉平衡

– 建立视觉层次

在进化的过程中，读懂情感对人类的生存至关重要，正因为如此，我们倾向于对事物进行情感反应的解读，包括有生命的或无生命的，这就是所谓的"神人同形同性"。人类会把自己的动机和情感投射到动物（宠物）和无生命的物体上。

2.1 格式塔理论简介

视觉所产生的假象可能会让你认为能够看到面前的一切，事实上这不是真的，你"主动"能够看到的只是你视野范围内的一小部分。这部分是由视网膜中央凹产生的限定在2°视角范围内的视觉，视网膜中央凹周围的部分将视角范围增加到22°[2.1][2.2]。巧合的是，这个范围大约等于你在胸前伸直双臂看到双手的范围。现在你看到双手的范围就是你"主动"视觉范围的大小，这个范围很小，不是吗？

那么，我们怎么会主观地认为能够看到眼前的一切呢？因为我们的眼睛通常不是盯着一个地方看，人的眼睛以极快的速度移动，同时我们的大脑与我们面前所见到的一切现象进行匹配，大脑因此而获得每秒数以百万计的感官输入信息并试图理解这些信息。当我们用眼睛看时，大脑的反应并不是单单来源于视觉，味觉和嗅觉等也同时发挥着作用，把当前观测到的事物与我们先前的经验进行对比。

我们的大脑把看到的各种各样的事物联系起来，寻找它们的"意义"和"解释"，

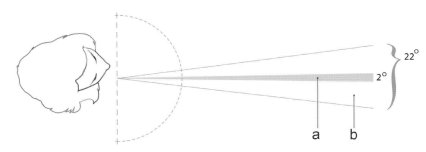

这就是我们所说的感知。

这些眼球运动被称为"扫视"，眼球短暂休息的时候我们称之为"注视"。注视不是随机发生，但都会集中在某个特定的位置，早在19世纪90年代，科学家们就研究了这一现象。20世纪50年代和60年代，苏联心理学家阿尔弗雷德·L.雅布斯（Alfred L. Yarbus）通过对脸部图像的观察来研究注视现象。他发现受试者注视的地方集中在图片中眼睛和嘴的部分，这些都是面部识别和情感识别的重要区域[2.3]。

最广为人知的关于人类感知的研究是格式塔理论中的视觉感知研究[马克斯·韦特墨（Max Wertheimer）、沃尔夫冈·苛勒（Wolfgang Köhler）和库尔特·考夫卡

（Kurt Koffka），德国，20世纪20年代]，这些对于感知深入研究所取得的成果意义深远，成为了这一领域的基本法则和原则。

运用这些原则我们可以分析人们如何"读"草图和演示文稿，更重要的是，它们能够指导我们如何影响人们感受视觉信息的方式，这样你就可以更有效地传达想法。研究人员发现，我们并不是太多的关注所看见的单独个体，而是倾向于把它们看做一个较大的整体，而这个整体有可能完全不同于个体本身，也就是整体大于各部分之和。例如，你现在正在做的阅读行为就符合格式塔原则，我们关注的不是单独的字符，而是由字符所组成的单词，这些对我们更有意义。

我们一直在寻找事物的意义，同时也在尝试寻找我们看到的个体之间的联系，因此，我们通常发现协调的图像会比不协调的图像看起来更令人愉悦。有时，你甚至可能会发现自己有意识地定义一些并不是真实存在的形状，例如我们看到云彩的形状像一个动物，或者在月亮上能够看到一个人脸。

本章内容中并没有涵盖所有的（共有140多种！）格式塔法则或原则，但是将会提到其中一些对于产品表现有用的原则。我们分开讲述这些原则，但事实上它们是同时一起发挥作用的，你会发现很多格式塔法则已经在你无意识的时候使用了。虽然这些原则不能指导你如何在产品表现的时候最好地传达你的视觉信息，但是它们能够告诉你这些信息被感知的方式。

我们对于面部是较为敏感的；我们喜欢把面部的形象投射到物体上，也喜欢在物体上寻找面部的特征

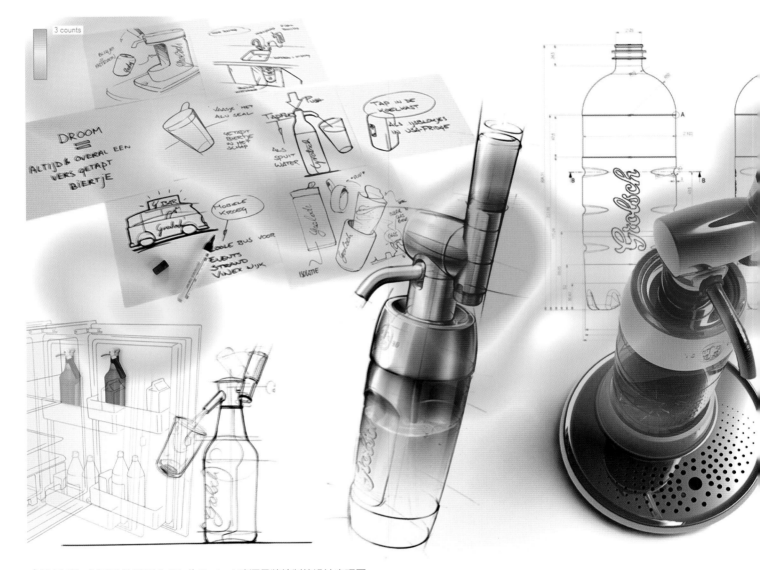

由FLEX/theINNOVATIONLAB®为Grolsch啤酒品牌绘制的设计表现图

2.2　眼动追踪

利用核磁共振扫描和眼动追踪这样的现代科学技术，可以十分精确地测量和研究观看者对于图片、网站或者广告的反应。第一台非干扰式眼动仪是由盖伊·托马斯·巴斯韦尔（Guy Thomas Buswell）在芝加哥研发的（1922年），现在我们用眼动仪来优化网站和广告设计[2.3]，眼动仪测试的结果可以用格式塔理论进行很好的解释。

在网页中能够快速地寻找到所需要的目标十分重要，格式塔理论对观看者的感知有着重要的影响。

为确保眼动追踪测试结果的可靠性，选择一个对测试者观看图片没有干扰的环境是十分重要的。例如，不告知测试者他们将要看到一个商业广告，也不告知他们品牌的名称，提前告知会让测试者产生心理预期，从

而会导致测试者在测试过程中有选择地寻找商业广告中预期的特征。如果测试者知道这是一个广告的话，他们观看这个图片的状态就会受到干扰。在有些情况下，测试者会提前得到通知，这样就会极大地干扰眼动追踪测试结果的准确性。

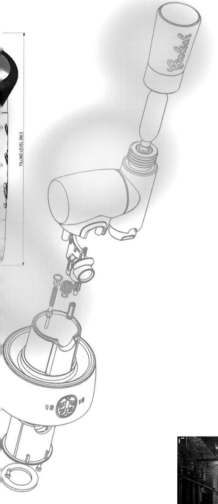

我们自己做了一些眼动追踪实验。左边的图片是一张为某啤酒品牌设计的家用啤酒龙头的表现图，图中结合了眼动追踪测试的结果：重要的信息在画面中形成了视觉平衡，一小部分注意力被吸引到了草图、文字和工程图等环境信息上。

下图中的工厂图片向我们展示了一个完全不同的结果。为什么会有如此多的注意力集中在了消失点上？是因为我们的大脑告诉我们"小心可能从远处而来的危险"？还是因为我们本身就对未知的事物感兴趣？

再或者是因为消失点几乎处于图片的中心位置，说明我们会自然地把目光聚焦，停留在这里并拼凑出少量的信息？

下图中以圆锯的草图为例，我们发现在不同角度的草图中，关注的兴趣点都集中围绕在设备的某些部分。这样的结果表明，仅用一个视点去理解一个物体是不够的，大脑会通过观察（结合）不同的草图来搜集更多信息。

以热点图的形式呈现眼动追踪的结果

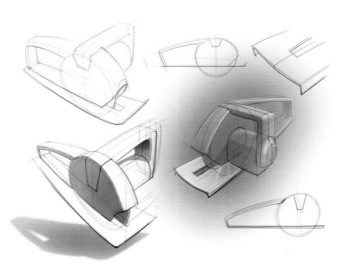

2.3 格式塔理论中九个重要的原则

2.3.1 蕴含（简洁）原则

　　根据这一原则，我们尝试尽可能地把视觉信息进行组织或减少到最简单的形式[2.4]，即更加具有规律性、对称性和秩序性。这是一个功能强大的原则，它甚至可以适用于一般意义上的感知，而不仅仅是视觉感知。

　　我们在所能够感知到的事物上寻找简单性和意义性，即使在面对复杂形状的时候，我们仍然试图寻找一些简单的和有意义的东西。我们在寻找清晰、简单（对称）的形状和尽可能少的信息，这就是为什么我们首先看到的是泰迪熊（下图），而不是组成这个形状的图像中的物体；同样，在HEMA的广告中，这也就是为什么我们第一眼看到的是香肠的形状，而不是组成它的单独的食材。

　　这个和其他大多数格式塔原则一样，用来描述一种模式识别，能够帮助我们在周边环境之中理解纷繁复杂的信息。大脑进行这样的工作并没有经过太多有意识的分析：它不断地缩小观察到的信息和已有信息之间的差距，这是感知中"认知"的部分。眼睛所看到的并不是你大脑所感知的，我们依靠进化和个人经验来建立简化、选择和解释的处理机制。

荷兰HEMA商店食品部门的广告，HEMA以烟熏香肠而闻名

荷兰海牙市倡导垃圾分类的
公益宣传图片，Noclichés
设计

草图绘制中的蕴含原则

　　儿童凭借直觉应用这一原则：他们画出来的图像与原型相类似，但是大多数的注意力却放在了对象的意义上。他们缺少绘画中的透视表现能力，最初的绘画或多或少是以平面图像进行展现的，重点关注对象的意义而不是形式。他们所选择的视图包含了对象所具有的大部分意义：例如一种动物，从侧面进行绘画，可以最大限度地看到它的整体形状，面部正对着我们，因此可以直接看到它的眼睛和嘴巴；表达花草最好的方式是通过颜色和花瓣来展现；天空是蓝色的，没有形状，紧贴着图纸的上边缘，并绘制在所有东西的上方（这表示所存在的高度或者无边无际）。

三岁儿童的绘画

　　一般来说，每个对象都可以找到一个可以包含大部分形状信息或意义的观察角度，这被称为"信息最丰富的面"。要注意的是，这并不意味着我们应该只关注表现角度，这样的话，我们主要传达的意义就成了"汽车"这个物体，而不是汽车的形状或者形式。

右边的侧视图表现出了椅子大多数的形状特征

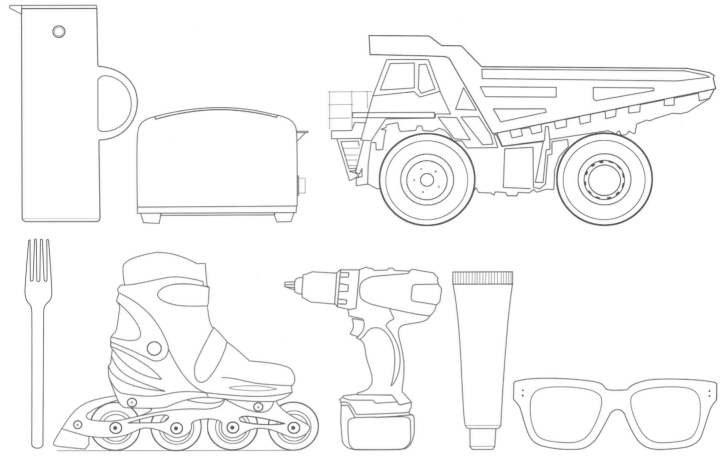

大多数物体都可以找到一个最能够代表形状特征的角度

从我们草图绘制的先后顺序你也可以看到蕴含原则的应用，我们的草图表现从大的形状开始，逐渐到小的具体细节，这反映了草图被感知的方式，这在时间有限的情况下十分有用。这种方法绘制的草图能够在很短的时间内被识别出来，之后能否添加更多详细的（逼真的）细节取决于是否有更多的时间。相反的，我们称之为"拘泥于细节"，对于草图来说过多地关注细节绘制是没有意义的，在认识草图这个感知的过程中，物体整体性的展现更为重要。

当我们看到一个以透视角度绘制的形体，最容易被识别的角度一定是面对"信息最丰富的面"时的角度，所以当我们（成年人）绘制草图时，这就是我们应该着重表现的角度，选择这个视角绘制出的草图就是物体的信息视图。

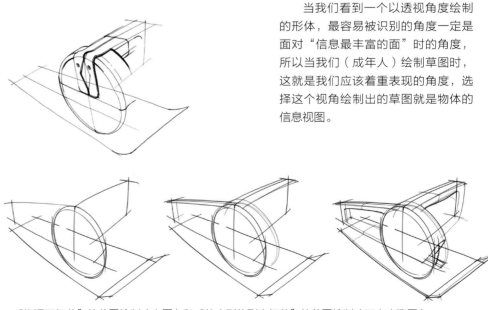

"拘泥于细节"的草图绘制（上图）和"从大形体到小细节"的草图绘制（下方步骤图）

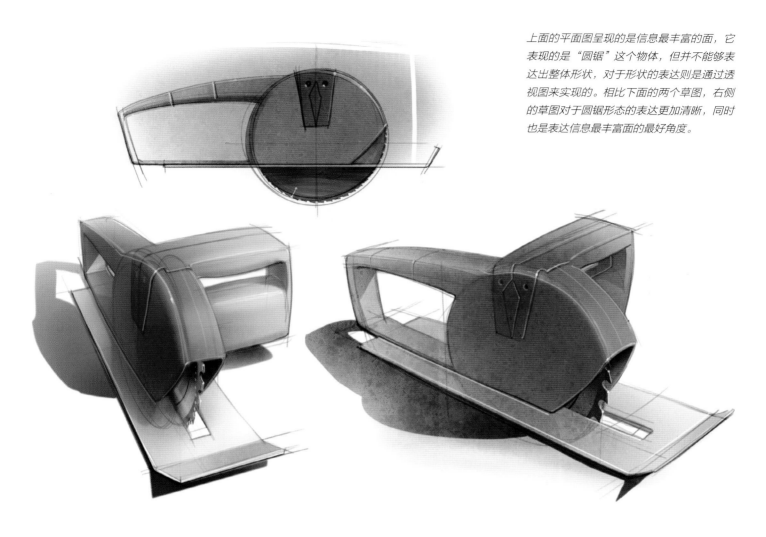

上面的平面图呈现的是信息最丰富的面，它表现的是"圆锯"这个物体，但并不能够表达出整体形状，对于形状的表达则是通过透视图来实现的。相比下面的两个草图，右侧的草图对于圆锯形态的表达更加清晰，同时也是表达信息最丰富面的最好角度。

p. 80

p. 122

p. 189

设计表现中的蕴含原则

我们运用格式塔理论获取图形和真实图像，大脑会把这些与我们已知的事物相联系，这就是我们定义所看到的东西的方式。我们的大脑努力去把有用的信息从视觉的"干扰"中区分出来，当我们面对信息，尤其是复杂信息的时候，往往是混乱的并让我们感到迷惑，需要不停地去搜寻有用的信息。格式塔理论能够帮助我们很好地组织这些视觉信息，同时避开干扰的信息。在感知过程中，当我们意识到正在寻找与简单、少量形状之间的联系时，我们就会反向运用理论，以简单的、只有少量元素的方式呈现视觉信息。如果我们给大脑提供的是有序的、简单的视觉信息，就可以减少大脑的工作量，大脑的这一部分负荷被称为"认知负荷"[2.5]。草图中

的信息如果能够清晰简单地表达出来，就会降低观看者的认知负荷，同时也能够让它本身更容易被人理解。

蕴含原则在对于内容的感知上也能够发挥作用，它有助于排除一切多余的干扰元素，直接寻找到最原始的诉求："我需要什么"。

在复杂情况下，简化信息是一个非常有用的手段，但是当它被过度使用的时候，会使得表现变得过于简单而不容易被理解，甚至会让画面变得过于单调。对于所有事情来说，一些细节的表现或者增加一些复杂的元素会让事情变得有趣。蕴含原则显然并不是唯一的准则，还有很多其他的因素在感知中能够起到不同的作用。

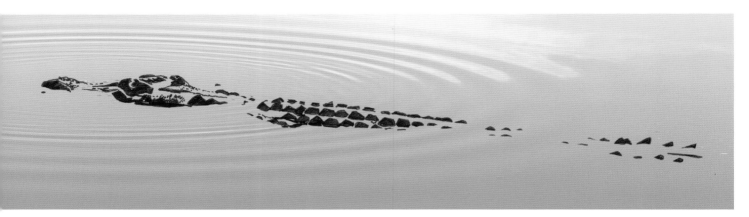

在进化过程中（和生存过程中）能够识别出对生命有威胁的天敌是至关重要的，因此，我们能够快速地把独立的元素组合起来

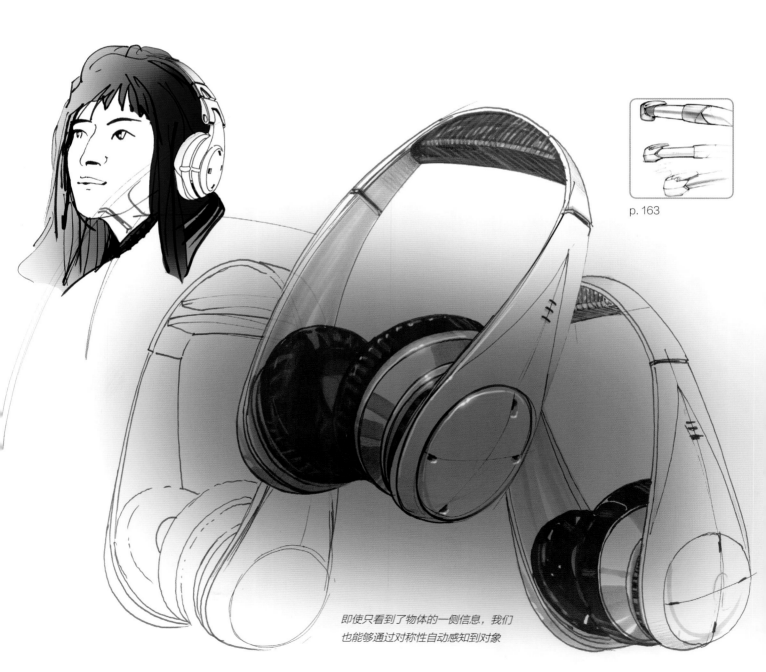

p. 163

即使只看到了物体的一侧信息，我们
也能够通过对称性自动感知到对象

2.3.2 封闭原则

根据这一原则，我们的大脑能够把不完整的图像或者物体变得完整。"当面对一个完整或不完整的局部或整体时，我们能够感知到对象的整体性，以达到最大稳定、平衡或对称"[2.7]。可以这么说，我们有意识地把视觉信息中的空隙进行填充，以创建一个具有逻辑性或意义性的整体形象。在我们早期的进化过程中，这是生存的必要条件。许多人类的天敌能够很好地伪装，我们只能看到它们身体的某个部分，所以，至关重要的是能够很快地识别出它们，而不是浪费时间去思考动物暴露的身体部位有什么意义。

这一原则对于可视化来说也是非常强大和重要的，例如，它常被用于标识设计中。

草图绘制中的封闭原则

对于草图或轮廓中看不到的那一部分，我们的大脑会自动地创建出来，草图互相重叠（或干涉）时，这种情况就会自然地发生。当与对称原则相结合时，例如下面平面图中所显示的那样，封闭原则就会使我们感受到的是一个完整的耳机。在没有看到不对称的信息之前，我们会假定物体是对称的。在通常情况下，这也适用于透视图的表现，我们会假想看不到的那一侧与已经看到的一侧是相似的。需要注意的是，在平面图中，我们可以看到耳机上方的线条延伸到了对称的另一半，用以强调外观的对称性。

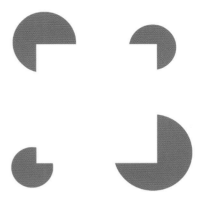

这张图片中事实上并没有包含圆形和正方形

p. 9

p. 165

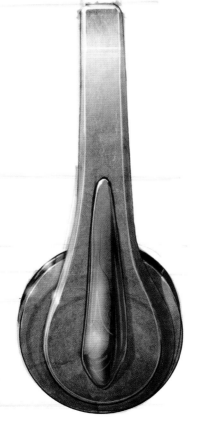

我们感受到的是一根连贯的黑色绳索，而不是分割开的几部分

2.3.3 对称原则

草图绘制中的对称原则

通常我们倾向于认为对象是对称的，大多数的对象可以分为对称的两半。当我们看到两个对称的对象，我们就会把它们无意识地组合成一个整体的形状。[2.11]

对称原则很容易产生误导，使用时需要十分小心。如果我们有意于让两个彼此镜像的对象看起来像一个整体，那么对于对称的渴望是否意味着我们会更加喜欢对称的图片？

[ ]{ }[ ]

即使邻近原则对于图中括号的分组影响强于对称原则，但是我们仍然更倾向于认为图中是三组对称的括号，而不是六个独立的括号

2.3.4 相似原则

　　我们会倾向于把具有类似特征的或者看起来相似的元素或物体组合起来，连接它们的特征可以是各种各样的：色彩、价值、质地、大小、位置等。不考虑其他因素的影响，品牌识别就是基于这一原则，例如，我们会发现商店中较为便宜的品牌往往会模仿较贵品牌的包装。用薯片的包装举例来说，我们可以看到相似的颜色被用于经典原味的包装中，红色包装的经典原味薯片几乎在世界各地都可以找到，而其他口味的包装颜色在全球并不是统一的。包装颜色的选择与当地的口味偏好相关，并不是所有口味的薯片在各地都可以买到，不同地方薯片包装的颜色和口味可能是不同的。

　　事实上，我们寻找相似性并不意味着相似总能够让我们感到愉悦，太多的相似性也会给人带来不愉快的感受。例如，大规模生产能够让产品具有高度的标准化和相似性，批量生产的产品在过去很长一段时间内被广泛使用，但是我们现在又开始喜欢手工制品中出现的不规则形态。比利时Unfold设计工作室发起的一个名为地层学制造项目，就是回归不规则的一个案例：探索如何运用3D打印技术让同一个电子文件打印出来的产品也能像手工制品一样具有多样性和唯一性。

p. 110

p.126

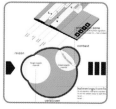

p. 116

p. 194

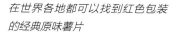

在世界各地都可以找到红色包装的经典原味薯片

Unfold设计工作室利用陶瓷
3D打印技术的地层学制造项
目，比利时

在同一个基本底图上进行草图绘制，形成相似的造型概念方案

草图绘制和设计表现中的相似原则

当比较不同的产品概念方案时，草图的目的是如何"客观地"表达产品，所以在视觉表现中，可以绘制相同大小、相同视角、相同细节表达程度的草图，这样的表现方式只用一个底图就可以完成。我们可以在同一个底图上快速地表现多种设计方案，形成许多在大小和视角上相似的草图。

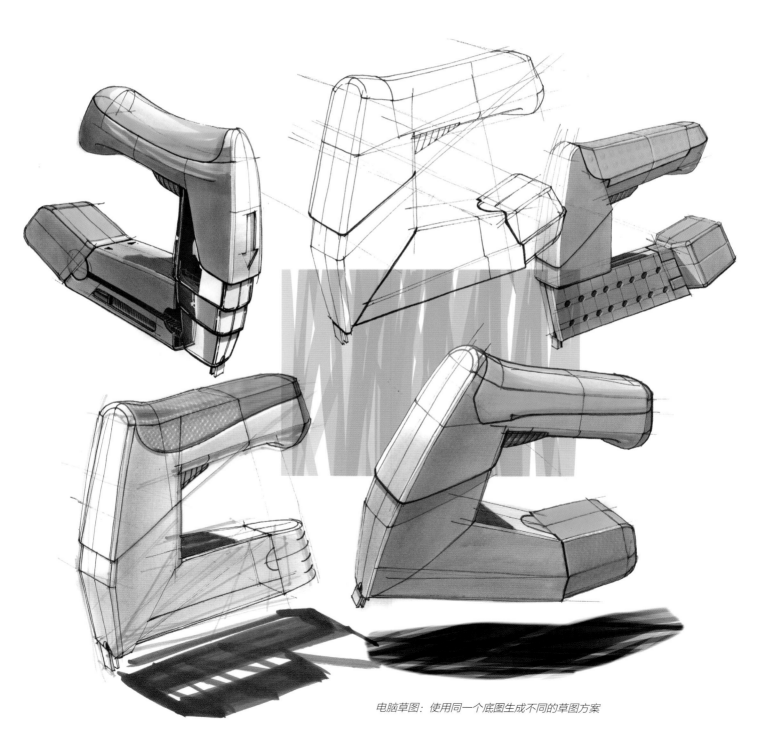

电脑草图：使用同一个底图生成不同的草图方案

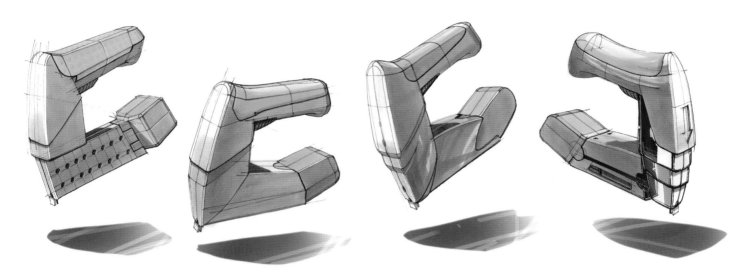

使用同一个底图，通过旋转和镜像创建一组富有变化的草图

　　这种表现方式听起来似乎十分完美，但是缺点是过于相似，特别是当每个草图的大小和角度都很相似，同时色彩对比度等其他视觉特征也很相近的时候，很可能会导致整体画面显得单调和缺少变化，最终的结果可能会因为显示过多重复的信息，从而导致整体画面吸引力的降低。每次开始绘制一个新的草图时，通过使用不同的颜色和不同深浅的阴影，或者通过旋转或镜像底图（如果可能的话）的方式，可以避免产生这种缺少变

化的感觉，能够形成富有活力的效果。画面中的不同草图可以保持相似性，但最终画面的整体效果会显得更加富于变化。

　　在构思过程中，当产品尺寸是由产品内部机械装置所决定的，或者当一个复杂的产品需要改变样式的时候，底图的使用就会十分有效。一般来说，底图的使用可以提高绘制草图的效率，然而，在创意过程中过多的相似性有时候并不能够满足设计的需要。

　　在创意过程中，我们希望有更多的变

化，可以通过调整图像位置、色彩对比度和细节等各种视觉要素的手段使得相似视角的草图能够有所不同。当使用电脑进行草图绘制的时候，草图的大小也可以很容易地进行变化。相反的，我们可以反向地运用这一原则来创建一个不同的草图，这样就可以起到强调的作用。我们可以放弃相似性的表现方式，从而把注意力吸引到一个特定的点，这个特定的点被称之为焦点。

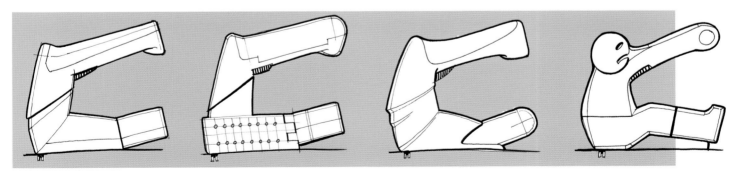

最右侧图形的差异性吸引了观察者的注意力，从而成为一个焦点

2.3.5　邻近原则

这种感知方式倾向于把相互接近的视觉元素划分为一个群体，反之，具有一定距离的视觉元素会被认为是独立的或者说是缺少联系的。这与关联性有关，使得我们感知到的是群体或组块，而不是相互无关的、独立的物体本身。尽管这一原则听起来很简单，但是它应用起来并不总是那么容易。

我们感知到的是三组圆形，而不是许多独立的圆形

1　端子

2　沟状波纹

3　铜芯

4　壳体

5　陶瓷绝缘体

6　密封垫圈

7　绝缘体裙部

8　中心电极

9　接地电极

10　螺纹

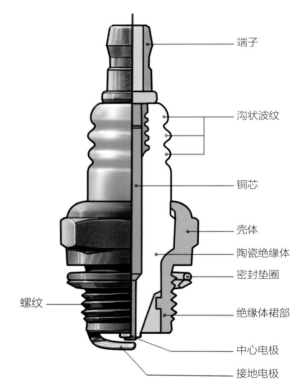

说明文字距离较近的火花塞内部结构图

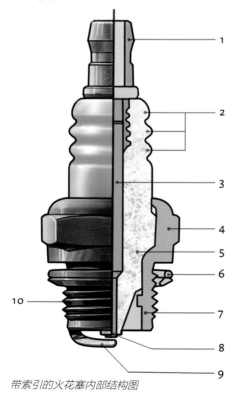

带索引的火花塞内部结构图

草图绘制和设计表现中的邻近原则

让图像和与之对应的说明文字尽量靠近就是邻近原则的应用，如同本书中出现的那样。然而，左侧图中对于产品部件索引的方式没有遵循邻近原则，就像工程图中通常使用的图例一样，这样的方式就需要读者付出额外的努力才能看懂，而上图的表现中应用了邻近原则，这使得它更容易被看懂。草图绘制和设计表现中的邻近原则基本上是用于创建草图连贯性。如果你为一个项目做设计，通过绘制草图的方式记录想法，每个（相对较小的）草图之间的距离都比较远，我们不会很自然地把这些草图联系起来。如果它们都属于同一个项目，这种表现方式是不恰当的，除了草图非常小之外，右边图面的布局看起来也相当呆板。我们在相同的图纸上用不同的方式组织草图，传递的信息也会发生改变。每个草图在一定程度上相互接近，甚至重叠，是为了创建图面的统一性，这样的处理方式也会让画面看起来更加有视觉冲击力。

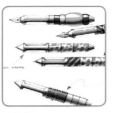

p. 87

p. 125

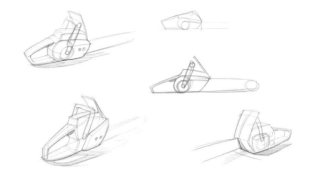

草图的表现缺乏连贯性

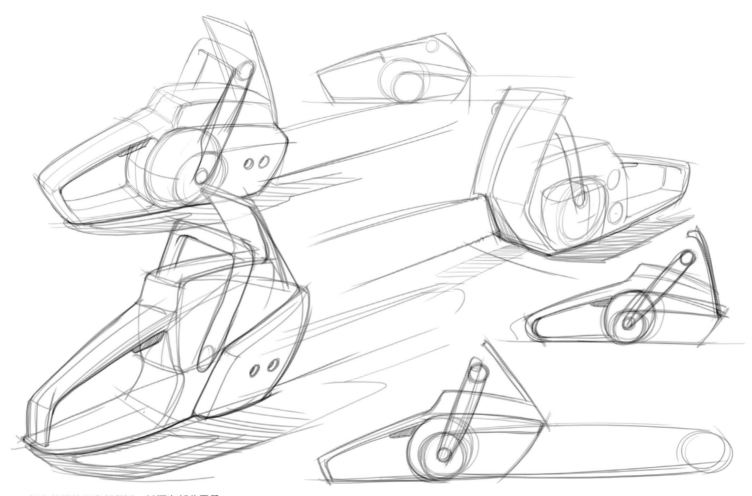

每个草图的距离都很近，甚至有部分重叠

2.3.6 均质连结原则

这一原则意味着这些元素共用统一的视觉属性，与其他的元素相比来说，这些元素被认为具有较紧密的相互关系。

草图绘制中的均质连结原则

通过使用背景或边框，或者使用同样对比度的阴影或颜色，可以让草图在视觉上形成一个群组。这些都是草图绘制中用于组合元素的一些简单而有效的方法，这一原则与邻近原则等其他原则相比是最为有效的。

较大一些的点被认为是一组的

连接的点被认为是一组

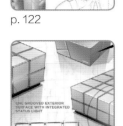

p. 122

p. 191

p. 158

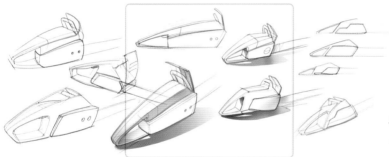

矩形内的草图明显形成了一个群组

p. 132

带有明暗关系和阴影效果的草图在视觉上会自然地形成一个群组；图中也包含了相似原则

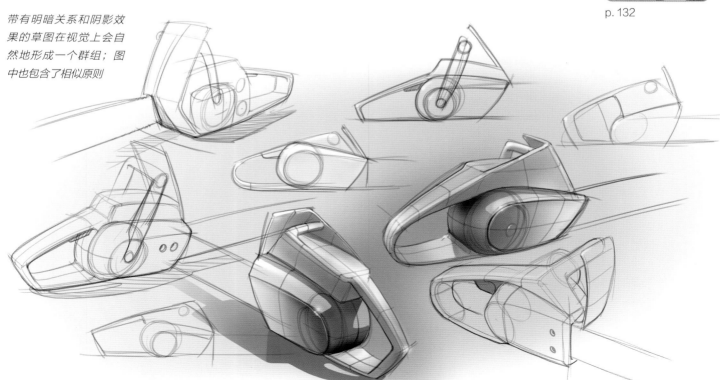

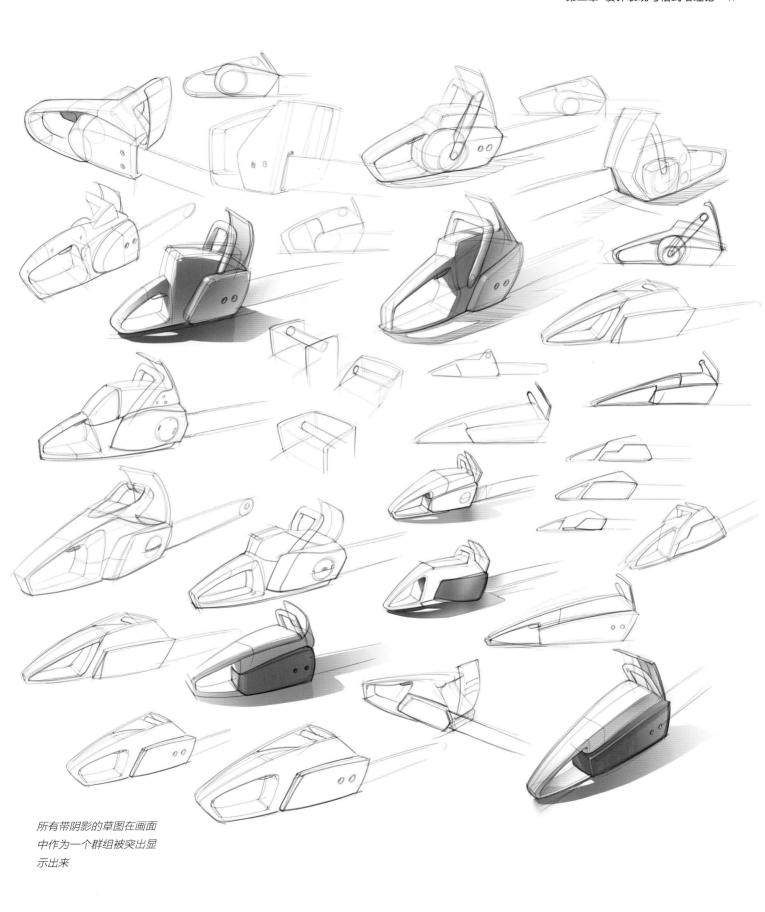

所有带阴影的草图在画面
中作为一个群组被突出显
示出来

设计表现中的均质连结原则

爆炸视图是设计表达的一种形式，邻近原则和均质连结原则在其中都发挥着重要作用。由于在爆炸视图中视觉形式变得十分复杂，格式塔理论能够帮助我们组织视觉元素，让图像更容易被理解。

常见的方法是使用爆炸追踪线，这些线可以连接和群组零件，同时也指出了零件的拆卸顺序。

p. 113

p. 154

p. 26

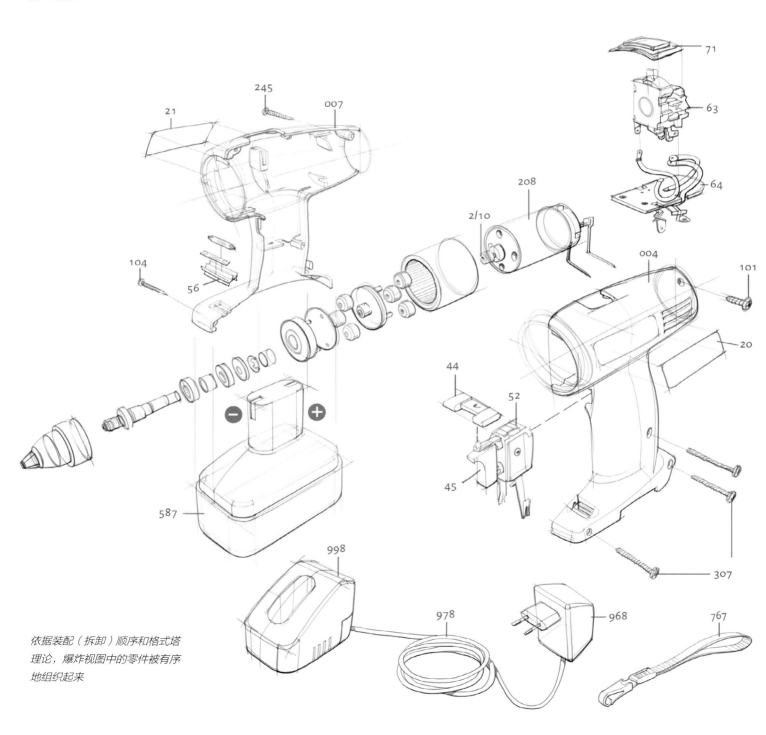

依据装配（拆卸）顺序和格式塔理论，爆炸视图中的零件被有序地组织起来

p. 173

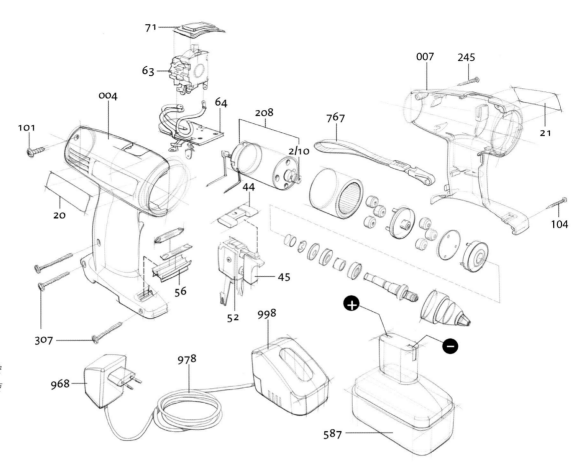

爆炸视图中的零件布置缺
少一定的秩序性，所以使
得产品的易读性降低

　　一个好的开始是让产品零件足够接近并具有一定的组织逻辑，以便产品的关联性可以很快被识别出来，组织零件的逻辑关系通常就是指根据它们的拆卸顺序来进行"爆炸"。在对产品整体有了第一印象之后，观看者就开始关注独立的零件。如果零件相距太远或者组织逻辑关系较为随意，整体的连贯性及对于观看者的引导性就会丢失，最终形成的图像虽然具备功能性，并且能够传达所需要的所有信息，但是却需要花费更多的努力才能够被读懂。观看者对图像的第一印象会感到困惑，他们需要花一些精力去理解正在观察的图像，很可能会导致观看者失去注意力，最终放弃对图像的解读。

　　然而，如果零件具有组织逻辑，但是布置得太紧密，图像的易读性及单个零件的形状信息就会丢失，所以零件之间正确的距离是介于这两者之间的。为了区分零件装配的群组，零件之间的距离可以进行细微调整。运用这种方式，由于零件数量过多而造成的信息超载，则可以通过把零件划分为更易区分的次群组得到解决，同时它们与整体的关系仍然是清晰的。左侧图中在中间位置展示的草图，我们从左到右依次可以看到充电钻的头部、两组零件，以及电动马达。

　　通过使用爆炸追踪线，甚至可以是折线，均质连结原则能够依据拆卸顺序把零件有条理地组织起来。特别是在视觉信息复杂的时候，这些爆炸追踪线能够帮助你理解产品的层次结构。此外，爆炸追踪线的灵活运用可以让图面布局变得更加紧凑，上图中追踪线的使用就是一个很好的例子，中间部分零件的关系表达并没有使用直线。

　　上图中零件的组织方式显然是为了让图面布局尽可能紧凑，但这也可能导致另外一个问题，我们必须认真考虑观看者的感知能力，以及他/她为了理解图像所做出的努力。相比复杂的产品来说，较为简单的产品爆炸图，即使不考虑格式塔理论也不会有太大的影响。为了让观看者能够较为容易地理解图中信息，十分复杂的产品就需要根据格式塔理论对零件进行很好地组织。

　　均质连结原则也会帮助我们理解（垂直）爆炸关系中哪些零件是相互关联并能够组成一个物体的。

2.3.7 连续原则

在连续原则、延续原则及线性原则中，所有元素如果按照同一个方向进行排列，我们就认为它们之间存在一定的联系。因此，即使线条并不是真实存在的，大脑感知到的仍然是线条。例如，我们可以轻松地看懂路线图，或者能够区分图片中的"图形"和"背景"[2.3.9]。

草图绘制和设计表现中的连续原则

另外，连续原则对于感知线性透视也起着重要的作用，特别是当"线"只是模糊的边界或者根本不直的时候，我们会倾向于忽视这些而把它理解为直线。在线性透视中，我们看到所有的线向视平线收缩，并汇集于一点。

例如，在草图中绘制的直线并不一定是十分直的，当草图中要通过直线表现完全光滑和笔直的物体时，即使不是绝对的直线也不会有任何问题。我们在草图中想要表现看起来很直的线条时，并不意味着我们一定要画出笔直的线条。

仔细观察这里展示的建筑草图，图中的"直"线一点都不直，但是我们仍然认为这个建筑的表面是平直的。

这一原则使我们更加倾向于喜欢顺滑的线条[2.4][2.8]或连贯的图形[2.9]。此外，在对事物有了了解之后，人的大脑会将这些内容进行扩展[2.10]。

我们"看"到了一条小路，尽管逻辑思维告诉我们这是不可能的

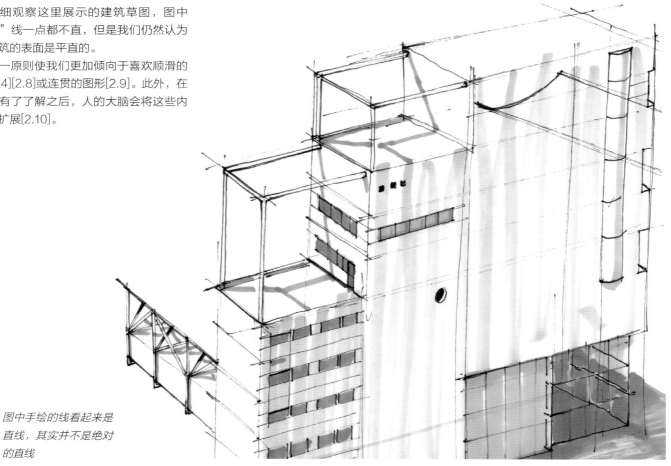

图中手绘的线看起来是直线，其实并不是绝对的直线

由于右侧的图表更加具有连续性，所以便于我们更快地获取信息

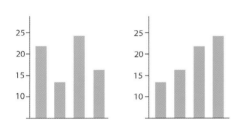

连续原则使我们确信周边的整个环境都是这样的

p.78

p. 191

p.113

p.76

连续原则也同样适用于产品再设计和建立品牌的同一性中

2.3.8 经验原则

我们感知物体的时候，会自动地把它与已知的东西进行比较。在标识设计中这个原则被广泛地应用，我们可以用一个信封图标来代表电子邮件，也可以用一个垃圾桶图标来代表删除。

草图绘制和设计表现中的经验原则

这一原则也意味着它能够方便观看者以一种熟悉的方式，或者说与之前相同的方式来获得信息。今天的报纸与昨天的报纸在内容顺序和网格布局上保持着一致，以便我们不用费劲寻找就能够在固定的位置找到某类特定的信息。这也适用于图书、档案、网站或演示文稿的网格布局。

在西方我们的阅读习惯是从左到右、从上到下，信息的排列也应该按照这样的顺序，否则会让读者感到混乱

Designmodo设计的图标

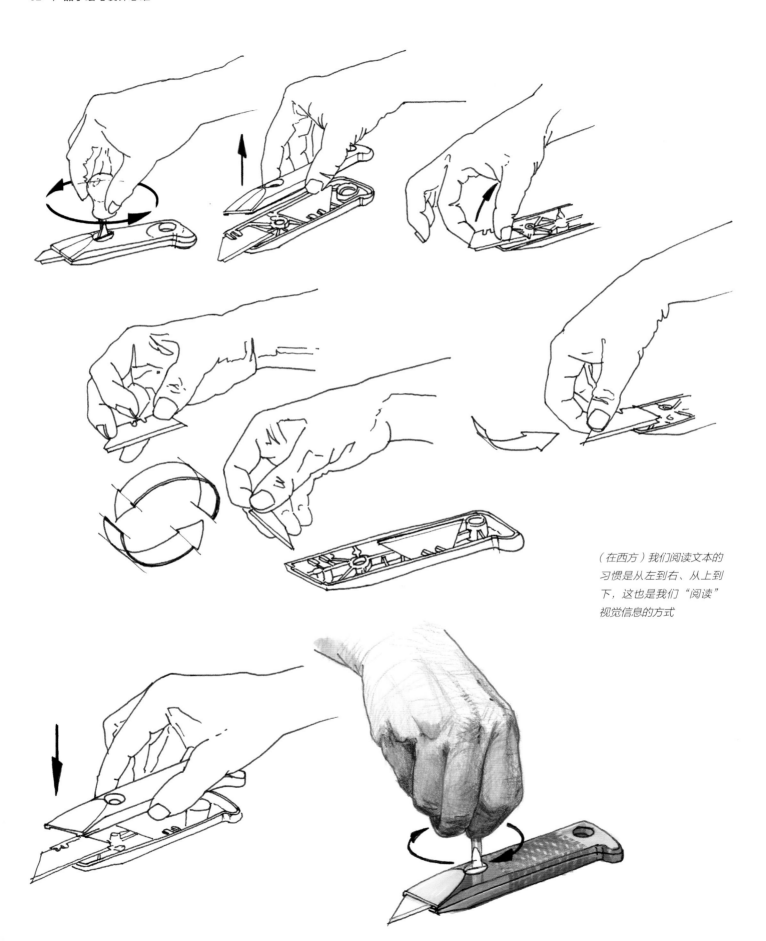

（在西方）我们阅读文本的
习惯是从左到右、从上到
下，这也是我们"阅读"
视觉信息的方式

2.3.9 图形与背景原则

眼睛能够把对象从背景中区分出来，例如，剪影的形态或形状自然地成为"图形"，而周边的区域就成为了"背景"。在草图中，这就意味着用（轮廓）线条绘制的图像完全可以代表真实的物体，对于图纸的解读来说，这可能是最重要的原则。

p.170　　　　　　p. 122　　　　　　p.129

这一原则也表明让观看者在两个解释之间做出心理选择这样的情况是不可能发生的，因为他或她一次只能够看到其中一个，通常第二个解释是在一段时间之后才能够被识别出来，试图同时看到两个解释似乎是不可能的，这被称为格式塔开关。

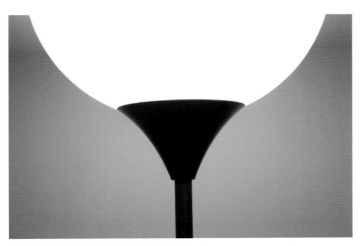

无聊的家庭用品变成了有趣的图片，布隆默斯·舒姆（Blommers Schumm）

FAT（Fashion Architecture Taste）的一个名为"无形的英雄"花瓶，由密斯·凡·德·罗（Mies van der Rohe）和马可尼（Marconi）的侧面像构成，这两位历史人物都以不同的方式探索无形。花瓶高70厘米，材质为黑色烤漆，这个花瓶的设计想法源于1915年丹麦心理学家埃德加·鲁宾（Edgar Rubin）制作的"鲁宾的花瓶"

2.4 视觉平衡

之前我们已经介绍了格式塔理论中九个重要的原则是如何影响产品设计的视觉表达的，现在我们从视觉特点的角度来进行讨论。在一张图像中不能简单地应用所有原则来保证画面的完美，因为还有其他重要因素需要考虑。

2.4.1 视觉焦点

通常情况下，观看者的注意力会被吸引到特定区域，这样的区域、点或元素被称为视觉焦点，这是一张图片中最重要的区域。它可以是一张草图中的"图形"（与"背景"相反），或者类似于下图中高亮度区域这样能够占主导地位的视觉元素，无论是什么样的表达形式，它一定是可以吸引注意力的。

如果大量的视觉信息同时展现出来，而且没有一定的视觉焦点，观看者就得不到关于重要性的信息提示，不知道哪部分是最重要的，也不知道哪部分不重要。在这种情况下，观众接收不到关于这张图像中引导信息的视觉刺激，也就不清楚从哪里开始观察，同时关于这幅图像想要说明的意义也就可能变得十分模糊。因此，由于观看者有着自己的个人喜好或解释，所以作者想要通过这张图传达的意义就会丢失，这张图像很可能会被忽视或者理解为是毫无意义的。在产品设计中，缺少视觉焦点的图像往往是无效的表现方式，因为设计师通常通过草图或其他表现方式来传递一些特别的信息，建立有效的焦点区域有助于观看者捕捉到焦点，从而理解视觉上想要传达的信息，格式塔理论对于建立这样的焦点区域是很有帮助的。

如果视觉信息中展现了过多的视觉焦点，会起到相反的作用，观看者会失去继续观察下去的兴趣。

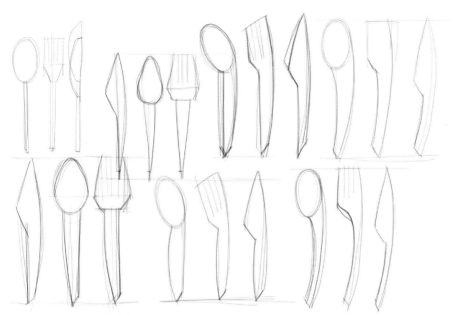

这张构思草图没有明确的视觉焦点

像常见的壁纸一样重复
某些固定的图案，这种
图像是没有焦点的

这个构图没有明显的视觉焦点，两个图形处于同样重要的地位。
观察这张图片的感觉有点像观看网球比赛一样需要向两侧转换视线

轮廓和视觉焦点

通常设计师在设计产品的过程中会有很多的想法交流，因此，与其绘制完成一个真实感较强的整体产品，不如着重强调产品的某些方面或部分往往更合适（以及有效）。强调产品某个部位的方法有许多种，其中一种方法就是对轮廓线的强调。

在草图中针对某个部分使用更加醒目的轮廓线，会自动地把观看者的注意力吸引到这个区域。下图中汽车的内饰设计就是一个例子，图中的视觉焦点是（彩色的）座椅，而车身只是用于表达产品语境，所以用较细的线条进行描绘。

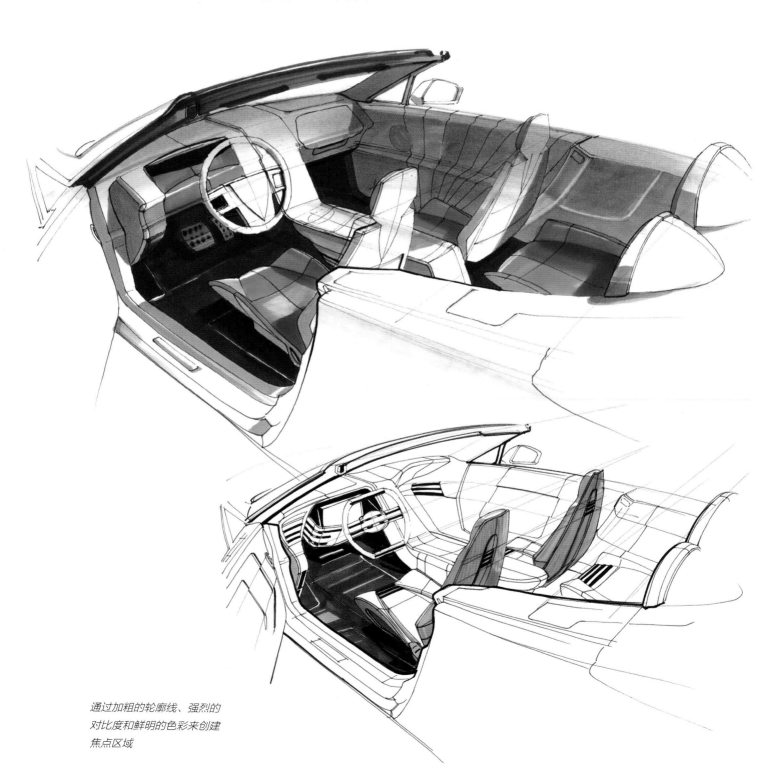

通过加粗的轮廓线、强烈的
对比度和鲜明的色彩来创建
焦点区域

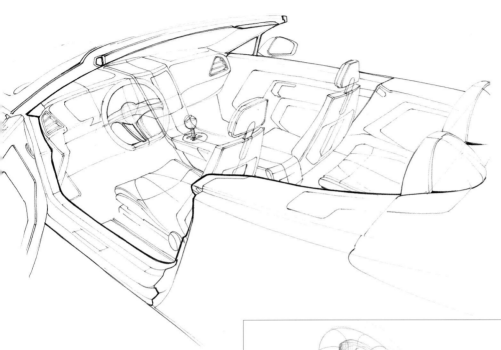

一般来说，由于受到光影的影响，本应该较亮的线条现在变得颜色较深，所以使用加粗加重的轮廓线去围合透视草图的缺点是会降低画面的视觉深度，然而它却是图中最重要部分用于吸引注意力的有效方法。当然，可以把靠近你的轮廓线的颜色描绘得更深一些，从而增强画面的视觉深度和立体感。

在头脑风暴草图中我们（通常）使用深色的轮廓线去引导观看者的视线，同时这也是一种强调重点的常用方式。

p. 88

p. 11

p. 150

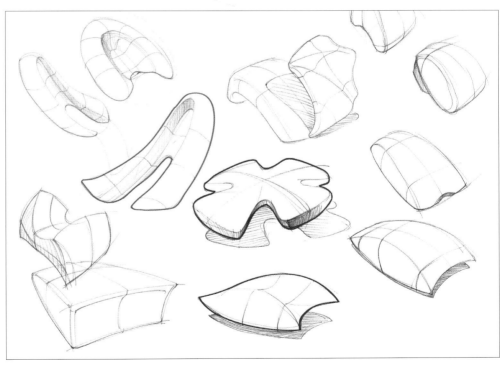

通过使用加粗加重的轮廓线来创建视觉焦点区域

2.4.2 视觉层次

如果仔细观察本书中所有的案例，你会发现许多画面的构图都不只一个视觉焦点。这些视觉焦点无疑是被用心地进行了布置，因为它们不可能同时抓住观看者的注意力，这样的情况很可能导致视觉上的冲突，或者使得图像显得无序。这时就需要一个视觉层级来引导观看者在画面中找到最重要的元素，并且在最重要的元素和次要的元素之间建立视觉差异，就像在标题和详细内容之间建立层级关系一样。在构图中有多种方式可以把观看者的注意力吸引到一定的区域或点，较为有效和使用广泛的一种方法就是通过对比和色彩（在草图中）创建一个视觉焦点。通常的做法是，建立一个主要的视觉焦点，同时建立一些需要强调的视觉重点。观看者将首先开始注意这个最主要的视觉焦点，随后，他们的目光转向我们想要强调的视觉重点，然后再转向另一个，通过这种方式，观看者按照元素的重要性顺序被进行了引导，这样就可以为观看者带来愉快的体验，并让视觉表现变得有趣。这样的方式不仅能够抓住观看者的注意力，引导他/她去读图，提供模块化信息，而且能够让观看者在这个过程中保持一定的积极性。一般来说，观看者不会认为自己是被引导的，他/她会觉得是自己发现了所有的信息。

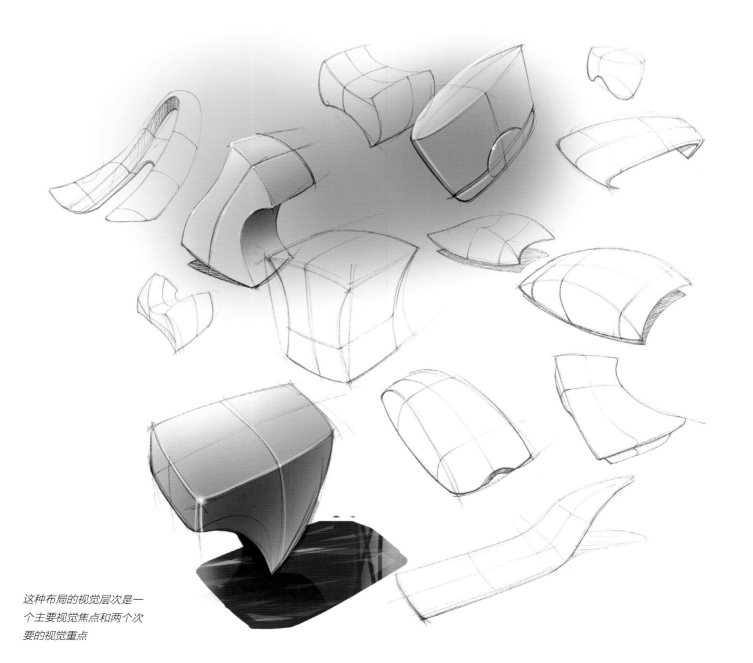

这种布局的视觉层次是一个主要视觉焦点和两个次要的视觉重点

2.4.3 节奏与重复

当我们需要在多个页面、多个屏幕和多个幻灯片中展示（大量的）信息时，最好的方式是使用观看者较为熟悉的方式进行展现，即保持版面的一致性。我们天生不愿意改变自己的习惯，通常会更加期待连续性和相似性。版面网格可以用来创建固定的节奏和结构，节奏和重复在版面设计中被频繁地运用。

重复意味着元素会被重复地使用，即使这样做是随机的。建立一定的节奏是离不开重复的，但是图面的节奏就如同音乐的节奏一样在很大程度上是可以预知的，由于节奏具有创建未来延续性的特征，所以节奏有助于建立图面的一致性。通过图片大小和版面位置等各种方式都可以达到这一目的。

这本书的版式也是基于版面网格来建立一致性的，不过，页面中版式的变化也很重要，因为页面的内容需要按照不同的顺序进行排列。此外，增加一定的变化可以增加阅读的乐趣，因为太多的相似性必然使得阅读体验变得很无聊。

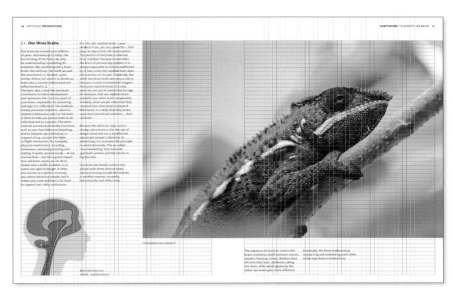

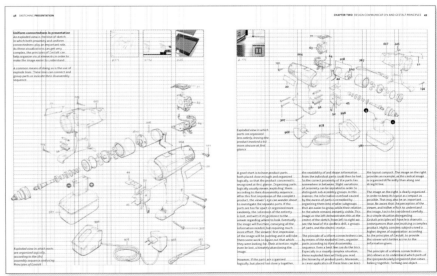

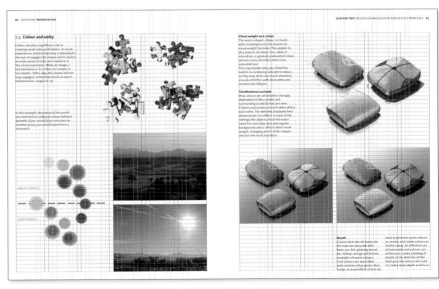

这本书的页面编排通过版面网格的方式建立连续性/相似性

p.111   p.115

p. 166   p.169

黄金分割

如果我们使用对称原则去组织信息，会比无序的信息让人更加容易理解，因此，对于复杂的信息来说，对称原则可以帮助观看者更迅速、更容易地接受信息。例如，在具有较高点击率的网站中，频繁出现在中间的元素可以很快地被察觉。我们会自然地关注和搜寻图像中间位置的信息，这意味着，如果信息需要被快速、清晰地传达，那么最好的方式就是放置在中心。当中心位置放置多个图片或草图时，在这种情况下，复杂程度并不高，信息传达的速度也不会成为问题。但是，对称的布局也会有很大的问题产生，对称且居中地布置视觉元素的方式被称为靶心构图，这样的构图方式会把视线迅速地吸引过来并停留在中心位置，从而导致观看者不再去观察图像中别的地方[2.12]。这样的情况在本章前面内容中提到的关于中心透视的眼动追踪案例中已经得到了证明。

特别是当图像中心的对象稍微有一些复杂或者图像中没有其他的构图元素去吸引视线的时候，眼睛感受不到下一步的引导，这就会使观看者失去对这张图像的兴趣，想要快速地转向另一张图像。

如果你想吸引观看者的注意力，或者引导他们观察图像中除了中心以外的其他部分，就需要采取别的方式。例如，可以借助黄金分割法或三分法建立一个中心偏离的版式，这些方法在增加图面趣味性和避免靶心构图的静态效应方面被证明是十分有效的。

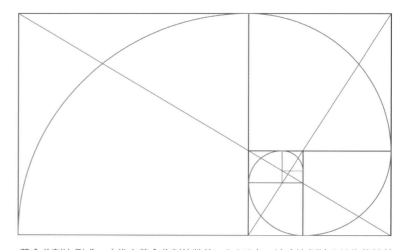

黄金分割比例或φ（代表黄金分割的数值：0.618），这个比例被公认为能够给人类带来视觉美感，它在艺术、建筑和摄影中被经常使用。黄金分割比例对西方思想的影响长达2400多年

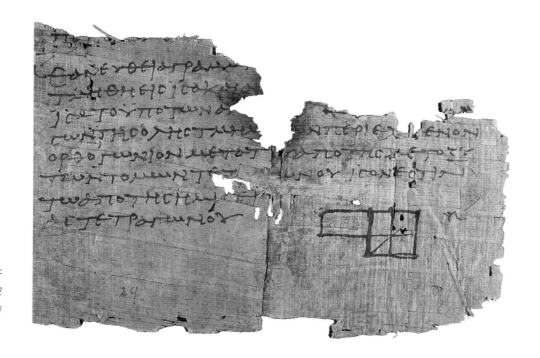

在欧几里得《几何原本》的文献碎片中发现了关于黄金分割理论的最早记载，希腊，大约公元前100年[2.13]

靶心构图案例

带有黄金分割线的
中心偏离构图案例

　　一个没有受过视觉构图训练的人，通常
会把拍照的对象放置在中心的位置，然而，
一个训练有素的摄影师往往会为了创建一个
更加具有活力的画面，而把对象放置在偏离
中心的位置。

图中的一些元素与其他元素相比承载了更多的视觉重量，从而形成层次或秩序

2.4.4 视觉重量与平衡

运用前面内容中所提到的方法可以使得构图元素或多或少地突出，还有另外一种能够达到这个目的方法，就是运用所有构图元素都具有的所谓的视觉重量。例如，一些颜色在图面中比其他颜色显得更加突出（更重），体量大一些的草图比小的草图看着更重一些等等。各种各样的视觉特征都可以改变一个元素的视觉重量，其目的都是在画面中平衡这些元素。

在构图中平衡所有元素的视觉重量以达到视觉平衡，主要通过两种方式来实现，传统的方法是对称平衡，这也被称为"正规平衡"或"传统平衡"。对称在希腊和罗马的建筑中起着非常重要的作用，它通常能够给人一种稳定和永久的感觉，并且这种形式往往与经典或传统相关。

在红色咖啡壶的草图中，观看者的注意力被吸引到了中间的红色部分，而不会主动地去观察其他部分。尽管如此，观看者还是很可能会把注意力转移到其他部分，但是这种情况的发生一定不是无意识的（或自然的），而是观看者自己主动地转移。由于这张草图并不是100%对称的，所以除了中间以外的部分还是会吸引一部分的注意力。

取得视觉平衡的另一种方法被称为不对称的平衡，这样的平衡会使得画面更加具有活力，往往与动感联系在一起，更加适用于对产品设计的创新型语境的表达。在蓝色手持设备的案例中，视觉重量分布不均衡，视觉焦点在左侧而不是中心位置。

p. 25

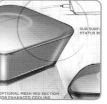

p.192

不对称平衡的案例

对称平衡的案例

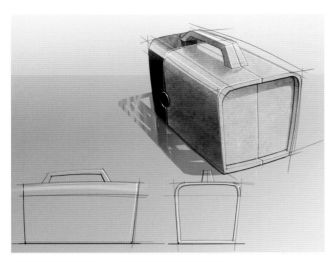

视觉不平衡的案例：头重脚轻和视觉深度冲突

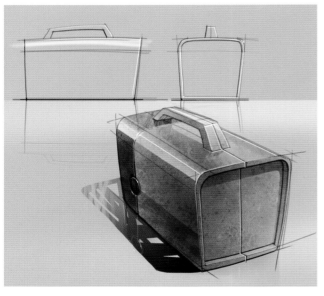

调整后显得更加平衡

视觉深度

如果一张照片或一张设计表现图在视觉上不平衡，会给人不稳定的感觉；如果在图像的一边布置太多的内容，就会让画面表现出快要倾倒的感觉。在左上方的草图中，这种不平衡是由构图产生的视觉深度冲突所造成的，视觉焦点被放置在离我们较远的视觉远端，而不是在离我们较近的视觉近端。更合适的做法是如左中图所示，平面图被布置在视觉远端，而手绘效果图被布置在视觉近端，也就是把手绘效果图放置在图面的下部，因为一般情况下，视觉近端的背景色调较暖，而视觉远端的背景色调较冷，调整之后的构图会显得更加舒服。

一方面，视觉的重量取决于色彩、对比、大小或其他视觉特征；另一方面，观看者作为一个元素在观察的过程中也起到重要的作用。一定的视觉元素，比如一张具有重要意义的图片虽然比其他图片小，但是由于它的重要性仍然能够吸引较多的注意力，例如一张脸、一段文字或者与危险有关的，这种作用于旧脑的讯息会带来更加强烈的刺激，都可以影响视觉的重量。

头重脚轻

头重脚轻是一种常见的视觉不平衡形式，当一张图像的上部显示了过多的色块或者使用太暗的颜色时就会导致头重脚轻。它之所以会引起人们不舒服的感受是因为它与我们在自然中感受到的情况是相反的，例如天空即使在阴天或多云的时候，它仍然是相对较为明亮的。

在页面构图中，较深的颜色布置在图面的下方，主要表现的对象放在中间，上方使用更加明亮的色彩会让人感觉更加自然，在草图中应该选择使用与现实中更类似的色调。

p. 191

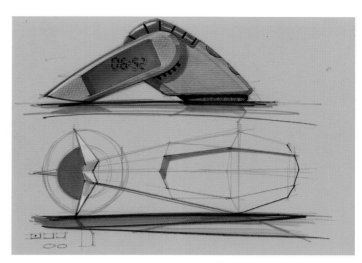

不平衡的案例：头重脚轻

构图时把色调较轻的部分放在上方，把色调较
深、重量感较强的部分放在下方，以实现更好的
平衡效果

2.5 色彩与统一性

色彩在建立视觉统一和平衡性方面十分重要，就视觉体验而言，（色彩）协调能够让人感到愉悦，它能够吸引观看者的注意力，在视觉体验方面建立内在的秩序感和平衡感。当一幅图像无论是由于过于简单或是过于混乱而导致画面不协调时，都不会吸引观看者的关注，大脑会试图拒绝这些不协调的图片。

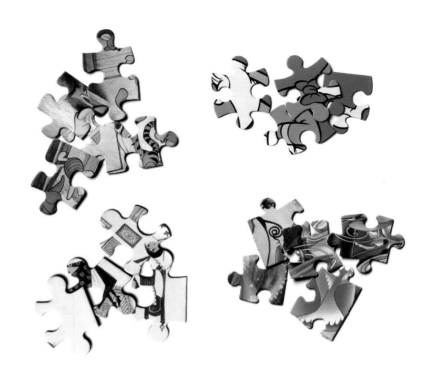

在这个例子中，拼图的卡片根据色彩平衡（色调）进行拼合，如果你将其中一块放在另一组中，就会感到不协调

暖色

冷色

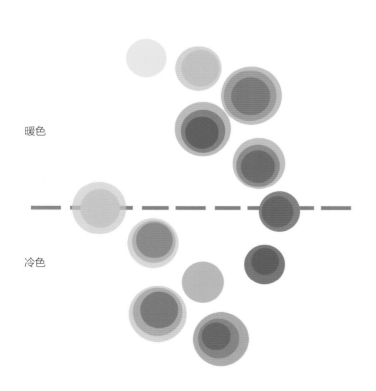

视觉重量和色彩

　　一个形状的颜色与背景色的对比越强烈，它的视觉重量就越重。这对色彩三要素——色相、饱和度或明度而言都适用，高饱和度色彩比低饱和度色彩更能够吸引注意力。

　　这也许可以解释为什么应该在一张图像中慎重地使用多种饱和色，因为它们可能会吸引太多的注意力，互相之间造成视觉干扰，增加观看者眼部疲劳。

同时对比

　　色彩是如何被感知取决于被看到时周围的语境和环境，相近的色彩会产生相互的影响。下图中展示了这种影响，两幅图中物体的色彩在色调和明度上完全一致，在只改变背景颜色的情况下，每个物体的视觉重量也会随之发生改变。在这两幅图中视觉上最突出的并不是同一个物体。

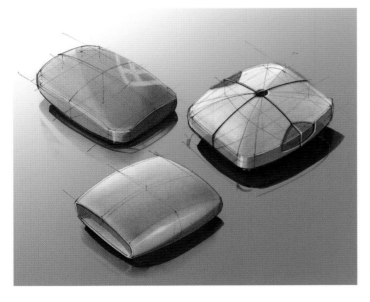

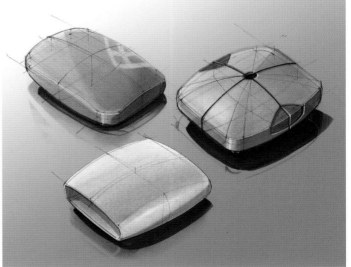

视觉深度

　　我们把暖色与灼热的感受相联系，例如太阳、火、灼热的金属等，黄色、橙色和红色都是暖色；我们把冷色与冰冷的感受相联系，例如蓝绿色、蓝色、靛蓝色。在视觉效果上，我们倾向于认为暖色距离更加接近，而冷色距离相对较远，冷暖色彩的有效使用可以增加或建立视觉深度。在下页热风枪的草图中，就运用了色彩的变化来创造更好的视觉深度和关注度。

在这张图中，色彩本身所产生的视觉深度与物体的空间深度是相互冲突的，尽管红色（暖色）的那个对象在空间中是最远的，但是它的颜色却吸引了最多的关注，使得它在感觉上跳跃到了最前面

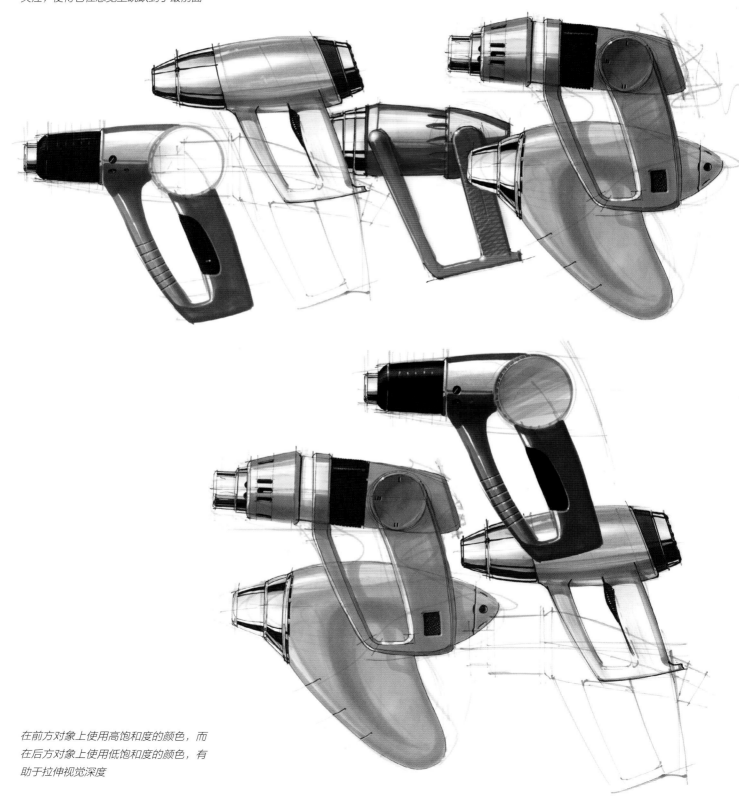

在前方对象上使用高饱和度的颜色，而在后方对象上使用低饱和度的颜色，有助于拉伸视觉深度

色彩理论

在孟塞尔色彩理论中所有色彩都通过色相、饱和度和明度这三个要素来表达[2.15]，运用色彩理论可以有助于识别和选择色系。

这里有一些被广泛使用的配色法，有助于建立画面的统一性：

- 单一色法：基于一种颜色的色调而进行深浅变化。
- 相似色法：选择色环上相邻的颜色，可以在饱和度上进行变化，通常给人平静和安详的感觉。
- 互补色法：选择色环上相对的颜色，通常会给人带来动感和活跃的感受，例如沙漠和天空。
- 三原色法：选择的三种颜色在色环上能够组成一个三角形，这种最基本的色彩组合方式对孩子们最有吸引力（Sony公司在"My First Sony"产品系列中就运用了这种方法）。

一个图像中如果使用相似色法进行配色，那么色彩对比会很小，当然，深浅的对比可以依靠明度（或饱和度）的变化来实现。下图中游艇外形就运用了这种方法，选择使用了色环中相邻的色彩。

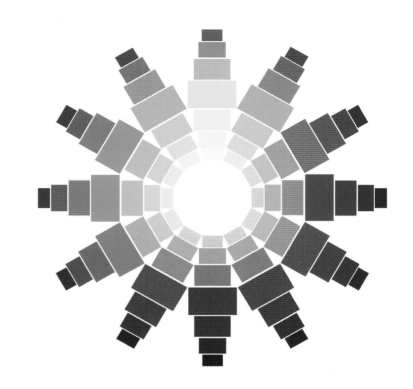

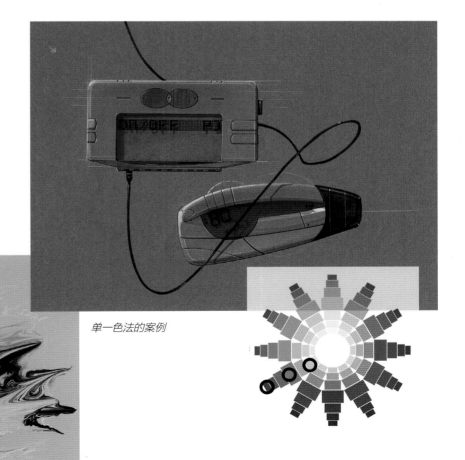

单一色法的案例

相似色法的案例

技巧1

自然界中的色彩搭配通常给人协调的感觉。

技巧2

一张图中不要使用过多的色彩，选择2~3种色彩，再通过明度和饱和度的变化来搭配。

p. 89

p.125

　　虽然看起来不明显，但是仔细观察，我们会发现鞋的设计图中应用了三原色法进行配色，绿色/黄色和蓝色的饱和度都较低，背景的颜色和鞋上的深蓝色实际上是同一种色调，而红色吸引了最多的关注度，因为它是最温暖、饱和度最高的颜色。

三原色法的案例，其中两种颜色的明度和饱和度较低

2.6 多样性与复杂性

格式塔理论中的许多原则都是关于简单性和统一性的。正如之前提到的那样，这些原则是用于描述我们感知信息的认知机制，并不是如何呈现信息的解决方案。学习这些原则的目的是了解某些现象，而这些现象可以通过不同的方式被使用，邻近原则并不意味着所有元素应该紧密挨着，对称原则也并不意味着一切都应该是对称的。这种视觉上的敏感性与我们的进化过程有关，在日常生活中我们使用格式塔理论能够更好地理解周围复杂的世界。

但是我们也必须要明白，格式塔理论中这些原则的应用并不是绝对必须的，有时一些违反原则的做法反而会产生惊人的效果。然而想要做到这一点，你必须要知道哪个原则可以被打破，以及这会产生什么后果。

多样性和复杂性与简单性和统一性是对立的，但在视觉传达中却是必要的，没有多样性和复杂性，图像可能最终会变得缺乏活力且无趣。最极端情况是，过于简单将无法吸引观看者的注意力，导致人类的大脑拒绝缺乏刺激的视觉信息；然而，过多的变化也是不可取的，如果表现的形式过于复杂和混乱，同样无法吸引注意力，会导致人类大脑拒绝接收这些无法组织或理解的信息[2.13]。

使用格式塔理论，我们从所观察到的图像中识别和提取一定的信息，并且同我们大脑中已知的事物进行比较。大脑需要做一些努力从视觉"干扰"中提取有用的信息，如果我们给大脑提供的是有序的、简单的视觉信息，就会省去大脑的一些工作，大脑的这部分工作量就被称为认知负荷，认知负荷是由视觉交流引起的，不能过于繁重。因此，我们获取复杂视觉信息和简单视觉信息的方法是不同的，过于复杂的构图需要去很好地组织它的视觉层次，反之，过于简单的构图就需要使它变得更加有趣。

除了格式塔理论之外，色彩也会发挥很大的作用。

前一章中关于大脑的论述说明没有受过视觉构成训练的人们，更习惯于按照内心自发的选择去处理视觉信息，而接受过视觉教育和训练的人们更趋向于通过色彩的调整和视觉平衡的处理来取得更好的效果。在画面中有意地呈现出轻微的冲突，让观看者自发地去寻找信息，能够让他们获得更多的参与感，通过这种方法，有助于使画面更加具有活力。

在视觉语言进化中及人的曲线学习中，你会发现一个类似的发展过程（从传统对称到不对称的平衡），人们在一开始的时候寻求平衡感，慢慢地开始探寻和欣赏更为微妙的、以不平衡表达平衡的方式。所以视觉信息被感知的方式（视觉信息的展示方式）也取决于图片呈现出来的形式，这种形式将在下一章论述。

参考文献

[2.1]   Cairo, Albert, The functional art, NewRiders, 2013

[2.2]   www.read.uconn.edu/PSYC3501/Lecture02/~prof. Heahter Read

[2.3]   Yarbus, Alfred L., Eye movement and vision, 1967

[2.4]   www.psychology.about.com/od/sensationandperception/ss/gestaltlaws_3.htm

[2.5]   Cooper, G, Cognitive Load theory as an aid for instructional design, paper in the Australian Journal of EducationalTechnology, 1990

[2.6]   www.quicksprout.com/2013/08/01/7-conversion-optimization-lessons-learned-from-eye-tracking/

[2.7]   King, D. Brett, Max Wertheim & Gestalt theory, Transaction Publishers, 2006

[2.8]   www.andyrutledge.com/gestalt-principles-3.php

[2.9]   www.facweb.cs.depaul.edu/sgrais/gestalt_principles.htm

[2.10] www.blog.xlcubed.com/2008/05/gestalt-laws-charts-and-tables-the-way-your-brain-wants-them-to-be/

[2.11] www.interaction-design.org/encyclopedia/gestalt_principles_of_form_perception.html

[2.12] Ensenberger, Peter, Focus on composing photos, Elsevier, 2011

[2.13] www.math.ubc.ca/~cass/Euclid/papyrus/papyrus.html

[2.14] www.colormatters.com/color-and-design/basic-color-theory

[2.15] Munsell, A. H., A pigment color system and notation, 1912

Fuseproject设计公司，加利福尼亚

Beiersdorf AG公司的Nivea设计语言和包装，德国

"Nivea是一个具有代表性的企业，已经有100多年的历史，自从发现了天然乳液（能够让润肤露保持功效的稳定性），在此基础上研发护肤产品，现在这个品牌的护肤品在全球范围内销售，它革命性的蓝色锡盒包装极具代表性。

Nivea为我们每个人提供不同种类的护肤产品，在170个国家销售1600多种产品，每天有5亿女性使用Nivea的产品。如此巨大的产品种类和销售量往往会导致一些品牌和设计的困惑，因为要解决太多的包装形式、太多的品牌表达以及太多的图形语言问题。

Nivea品牌选择与fuseproject设计公司合作去解决这些问题，fuseproject在帮助品牌转型方面做了许多创新型的设计和工作，有着良好的业绩。想要让设计真正有效，必须把设计深深融入开发过程的各个层面，为了达到这个目的，在德国拜尔斯多夫，fuseproject与Nivea内部设计管理团队紧密合作，为重新定义Nivea品牌制定全方位的设计策略及有冲击力的设计语言。

在拜尔斯多夫的设计管理团队有200多人，包含了公司中的所有部门，从市场、销售到包装并延伸到整个供应链。作为战略合作伙伴，设计管理团队与fuseproject的专家在设计和创新上进行合作，共同目标是以简洁、清晰的方式更新Nivea品牌特征。

Nivea品牌该如何简化货架上大量产品的形状和标识？我们如何在不同的瓶子、管子和罐子上完成一套有效的基础设计？我们如何重新思考在所有产品上呈现的标识和图形？以及我们如何利用设计来达到未来几年都有效的持续性目标？

这些问题为设计工作的展开树立了正确的目标，同时，因为考虑到全球业务的规模和复杂性，这些问题在不同程度上成为了难题，也是一个真正的挑战。对fuseproject而言，一系列重要的问题围绕在我们的脑海中：设计在大众市场环境中的作用到底是什么？当具有独特性和情感需求的设计意图与复杂的生产、物流、市场和资源配置的要求混杂在一起时，如何保持高效率和持续性？

我们早期的想法是减少目前形式语言的复杂性，把现在多种形式的包装精简到最少，减少标识和版式的变化形式，我们相信简化视觉语言将会为Nivea的品牌价值提供一个更加强大和清晰的表达形式，我们对于设计和图形语言的设定是基于传统的锡盒及其经典的白色包豪斯时代的字体这两个基础之上的。

瓶盖和瓶塞的颜色选用Nivea蓝色，配合具有浮雕效果的新标识，顶部采用斜面设计，给消费者提供一个可视的角度，平缓的倾斜度会给人手部操作的语义提示。这个品牌设计元素有双重目的：在瓶子的顶部显示Nivea的图形，同时增加产品在货架上的品牌识别度。

对称的立体形态拥有很好的稳定性，纯粹几何形体的过渡与包裹组成优美的造型，最后把Nivea圆形的标识根据实际情况调整成大小合适的图标，使它不易混淆并达到完美的平衡。我们"通过识别图标的意义来了解事物的本质"，一位受人尊敬的设计作家及历史学家史蒂芬·海勒（Steve Heller）这样说。

广泛的市场研究用来测试和了解消费者的反应，这对于了解新的包装设计是否传达了Nivea的品牌价值、是否达到易于识别的设计目标，以及是否成功地满足了良好的视觉体验至关重要，这些信息帮助设计团队在每个产品类别中顺利地导入和运用新的设计语言。

对于减少包装材料和可持续性的理念一直贯穿于与Nivea团队合作的整个设计过程中，大幅地减少瓶子和包装的种类有效地增加了公司内部的工作效率；新设计的几何形瓶身改良了功能性，却减少了15%的材料消耗；包装和标签的重量减少了23%（选择其他材料和内衬）；紧凑的包装优化了运输环节，平均每个产品减少了30%的碳排放量，为拜尔斯多夫2020年的环保目标做出了贡献；此外，所有材料完全可回收，所有配方中超过80%选用非化石材料。这只是一个开始，与Nivea的设计管理团队一起，将新的设计语言和标识应用到1600多款产品上，为适应不同国家和地区需求所做的变化多达13000种。Nivea将会继续打造新的百年，延续包豪斯传统，并且坚信设计是公司的过去和未来……

现在，Nivea的设计仍在继续进行——伊夫·比哈尔（Yves Behar），fuseproject设计总监，加拿大

Waarmakers设计公司，荷兰

Be.e：无骨架式生物复合材料电动踏板车设计

设计案例

这个项目的目标是设计一辆计划量产的、无骨架式的踏板车，这辆车采用亚麻纤维和生物树脂制成的硬壳式构造，是凡尼克·柯伦勃兰台（Vaniek Colenbrander）于2008年在荷兰代尔夫特理工大学毕业设计作品的升级版。这个项目的最终完成是多方共同努力的结果，其中有荷兰应用科技大学、Nabasco-NpSp Composites、Van.Eko（电动踏板车公司）以及Waarmakers。在这个项目中，我们使用应用科技大学学生的设计任务书作为项目的出发点，但是必须要提醒的是，这个设计项目的创新点是生物复合材料的框架结构，所以这是一个更深入、更全面的设计，而不仅仅是造型设计。

绘制在A3纸上的最初草图

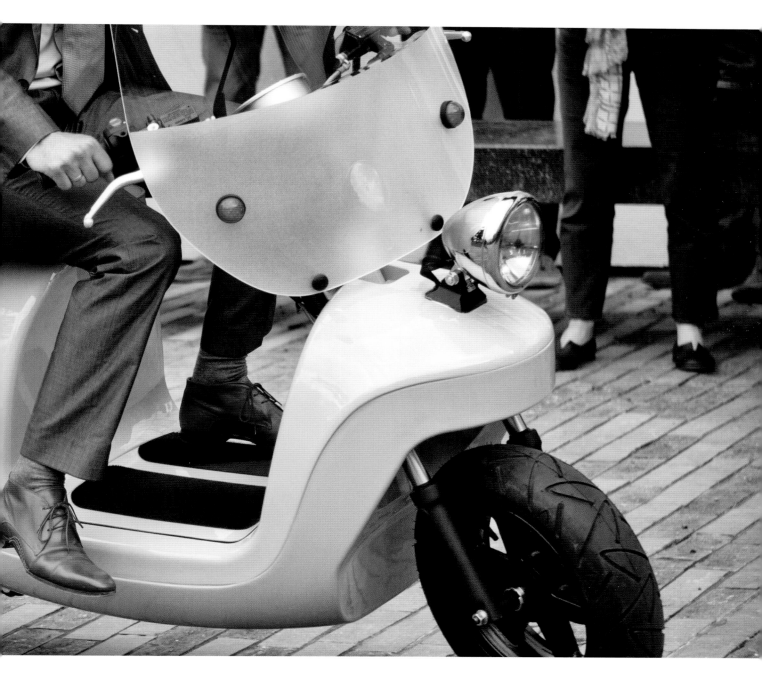

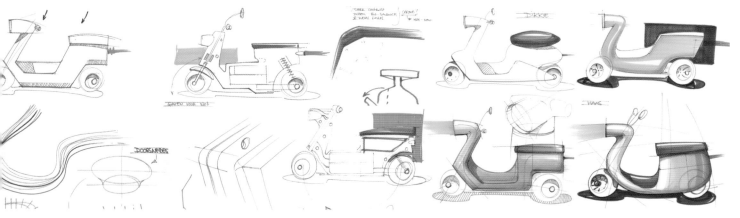

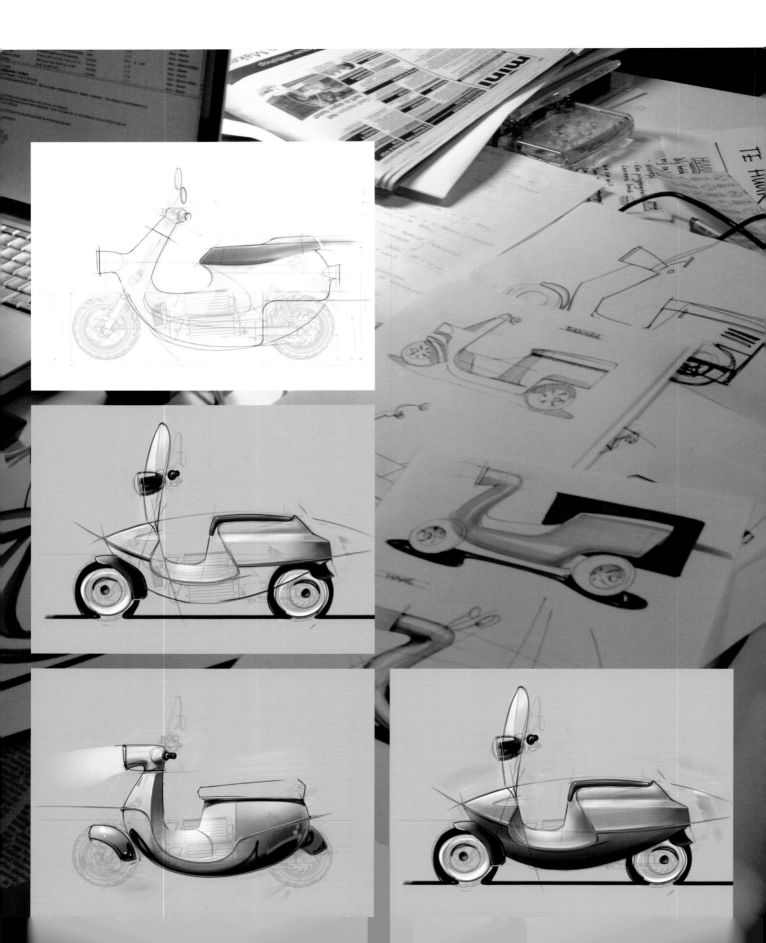

在最初的概念草图之后，我们用工程图作为衬底，绘制了各种概念的电子草图，通过这种方式容易使每张草图的视角、大小以及细节都保持类似。

在第一轮的概念方案中，我们采用全新的设计方法，得到了4个方案：Sandwich，我们最喜欢同时也是最具特点的形态，对于创新型材料的使用采用了硬壳式构造；Torpedo，最具动感并

且轮廓鲜明；以及两个较为保守的方案panda X和Barbapapa，都与原车型相接近，但是却具有高度的可行性。

在Sandwich和Torpedo得到认可之后，我们又做了后续的可行性研究，最终选择了Torpedo进行进一步的深入设计。

注释：在概念演示阶段，初始草图、风格意向图片以及制造方法被同时展示出来。

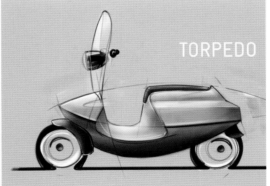

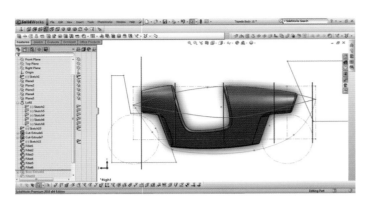

在概念方案选择确定后，我们被全权委托设计这个项目。这是一个非商业项目，我们的设计是完全免费的，同时设计风格也是基于这点去考虑。然而由于时间有限，在技术探讨和造型结构的环节没有进行小组汇报，上面的和右边的图片只用于内部沟通，用于记录方案的进展和讨论设计中的问题。

在这个过程中，有两件事对我们来说十分重要。首先，在设计中我们需要表达出生物复合材料作为车身材料的创新性；第二，我们觉得如果把创新型的车身结构与车座、车把、车灯等具有传统奢华感的配件相结合形成一辆完整的踏板车，这样的形式应该更容易被未来的使用者所接受，所以我们选择了将传统和创新相结合的手法。下方图中和下页图中所示的效果图都是基于CAD图纸完成的，用于团队之间交流设计细节等信息，以及用于必要的展示设计。

注释：这些图片都是作为CAD效果图呈现的，我们花费了一定的精力去呈现一种逼真的反光和阴影效果，并且与真实的背景图像相结合，这样就可以把作品置于一个逼真的环境中，设计作品的感觉将更为真实，不会给人一种这个产品还不存在的感觉，使用真实图像作为背景可以为产品创建一种真实的氛围。左侧页面中效果图的下部通过线稿来表现，给人另一种感受，它表达了从概念到现实的意味。

WAACS 设计公司，荷兰

Bruynzeel公司的
My Grip钢笔设计

My Grip钢笔的设计不仅仅是针对儿童的需求，而是让儿童参与到设计之中，它具有两个特点：一方面，在专家指导下，形成具有良好人机工程学感受的抓握方式；另一方面，在设计中邀请孩子们去分享和自我表达。

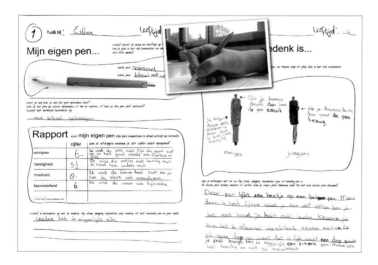

在一个包含有使用语境图的调查中，首先要求孩子们对自己的钢笔进行评价，然后"设计"一个自己理想中的钢笔。WAACS Design团队设计的调查问卷中，有一部分内容是让孩子们写出和画出他们的想法，收集到这些资料之后，其中一部分想法被挑选出来，在此基础上设计团队开始进行草图绘制，从孩子们的草图中提取设计元素，确定这款钢笔的设计要点。这些草图仅仅用于内部交流，来探讨几种方案的可行性。

为了强调草图中的某些特征，我们在图纸上添加了一些文字说明。草图中没有在细节的表现上花费太多时间，主要目的是快速地说明设计要点，以及获得更多的概念创意。

注释：草图中钢笔"尾巴"的形态显示出了一些动物的特征，方案中采用了一种十分直接的（象形的）方式去表达"动物"的语义，与间接的或者象征性的语义表达相比，孩子们对于直接的语义表达更加敏感。

当使用语境图作为设计工具时，得到有效的个体评价和建议十分重要，因此为了了解真实的设计需求，在分析阶段我们选择使用针对用户的调查问卷。

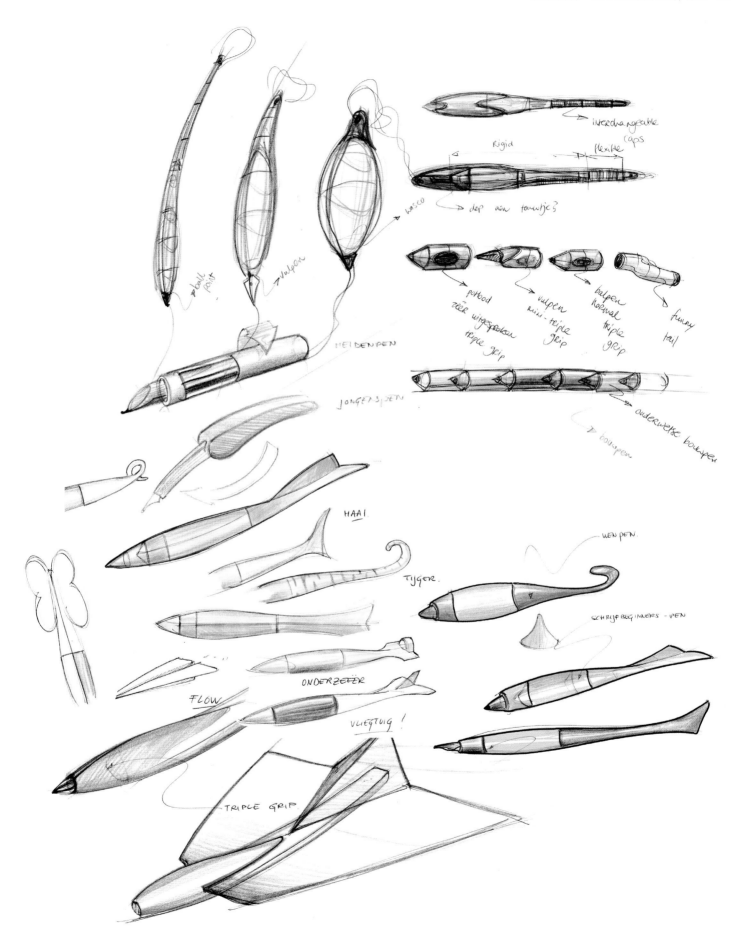

概念草图

在初期的草图中选取出了六个概念方案（本例中展现了其中的一部分），这些概念草图是呈现给客户的，其中大多是商人，所以表达的重点放在了销售的概念上。

注释：针对每个概念方案的不同方面进行细节说明和展示，这些概念草图比前期过程中的草图更加真实，为下一步的设计提供建议。同时，将照片和其他图像与这些草图相结合，有助于强调每个设计的唯一性和独特性。

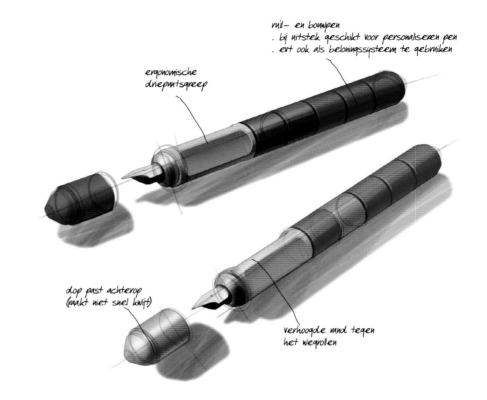

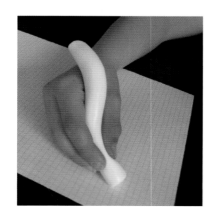

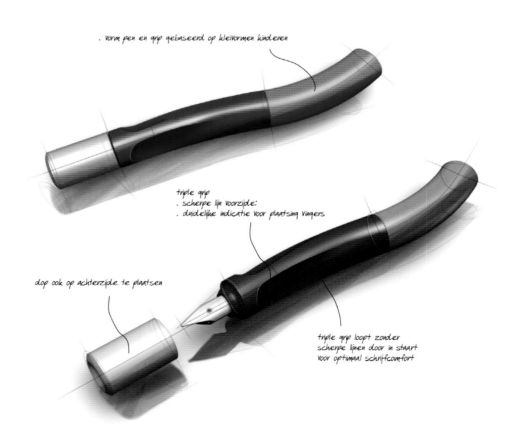

　　通过均衡的构图和简洁的文字将草图概念清晰地展现出来，这是客户与设计团队交流的媒介，用于共同选择决定下一步的设计方向。在这个项目中，最终将三个概念方案中最好的方面结合起来共同组成了深入设计的方向，钢笔的主要形状来源于孩子们用粘土进行研究的结果；产品零部件的造型基于收集到的概念元素，同时也是构建笔身和笔帽的模块。

注释：每个概念方案都以相类似的方式被展示，画面布局整洁有序，顶部的标题选用加粗的印刷字体，在草图周围标注清晰的说明文字。将透视图与侧视图相结合以增强视觉体验的丰富感，具有良好视角、色彩和阴影对比的透视图成为整个画面的视觉焦点，而侧视图则作为次要元素来进行展现。

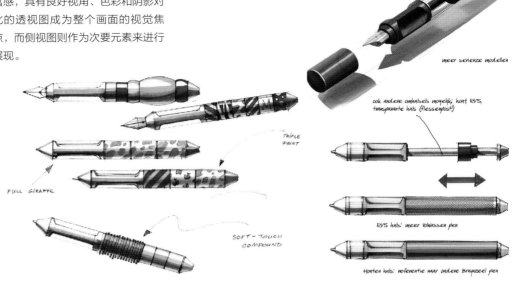

Concept | **Triple grip compact tool**

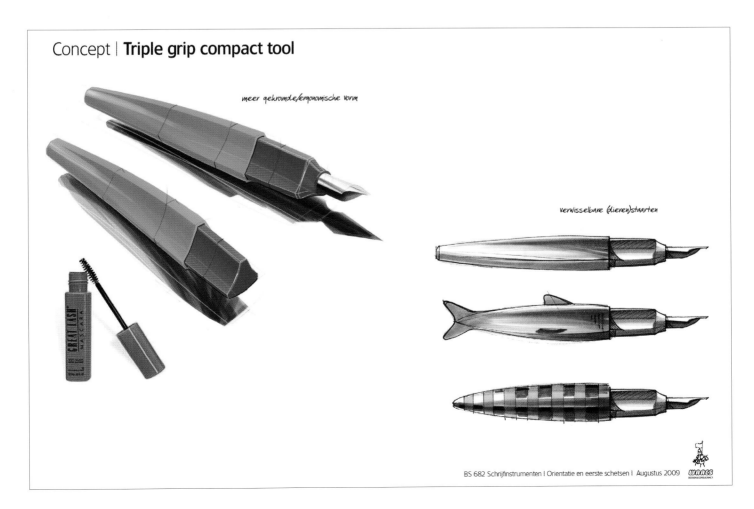

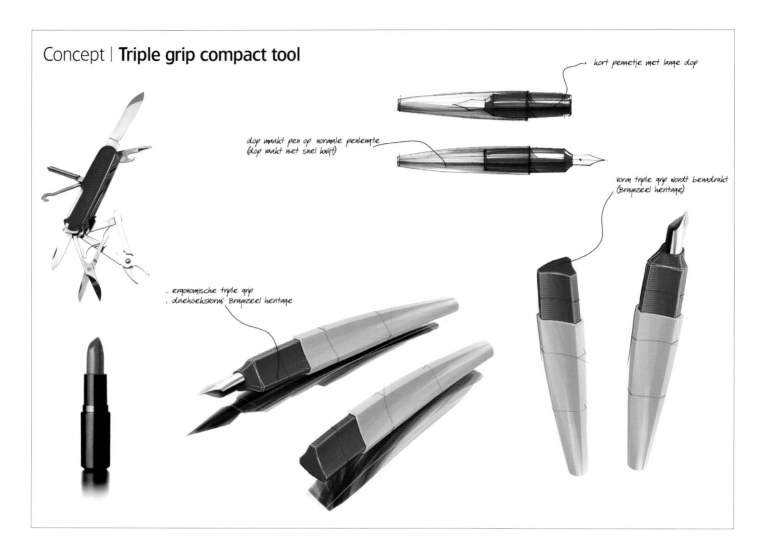

Concept | **Triple grip compact tool**

kort pennetje met lange dop

dop maakt pen op normale penlengte
(dop raakt niet snel kwijt)

vorm triple grip wordt benadrukt
(Brunzeel heritage)

. ergonomische triple grip
. driehoeksvorm: Brunzeel heritage

右侧的这张图被用于概念设计阶段来展示所选方案在技术上的可行性和安全性，这些问题通常在CAD图中进行讨论和测试，最终以整洁的、带有简要说明的效果图方式呈现给顾客。
注释：通过视觉修辞手法应用标识的案例我们将在第四章中详述。

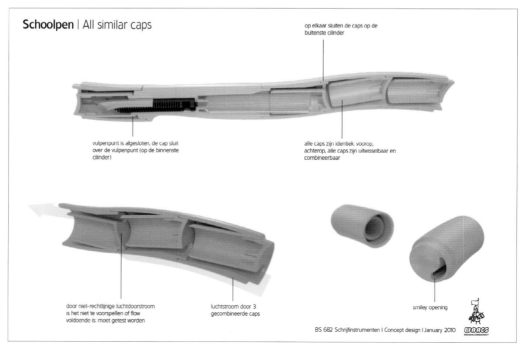

Schoolpen | All similar caps

op elkaar sluiten de caps op de buitenste cilinder

vulpenpunt is afgesloten, de cap sluit over de vulpenpunt (op de binnenste cilinder)

alle caps zijn identiek. voorop, achterop, alle caps zijn uitwisselbaar en combineerbaar

door niet-rechtlijnige luchtdoorstroom is het niet te voorspellen of flow voldoende is: moet getest worden

luchtstroom door 3 gecombineerde caps

smiley opening

BS 682 Schrijfinstrumenten I Concept design I January 2010

　　渲染效果图和电脑手绘图相结合用于呈现My Grip钢笔的零售展示。利用钢笔设计方案现有的CAD模型来制作渲染效果图，以确保产品显示的真实比例。由于其中的插图是用于展示零售概念的，所以选择手绘草图进行表现而不是渲染效果图。

　　同时，展现给Bruynzeel销售商的是产品的色彩方案，霓虹色彩的选用与最新儿童色彩流行趋势相符合。此外，产品的包装也进行了设计和展示，扭曲动感的造型和My Grip钢笔的造型相呼应，高质量的、逼真的产品渲染图更是起到锦上添花的作用。

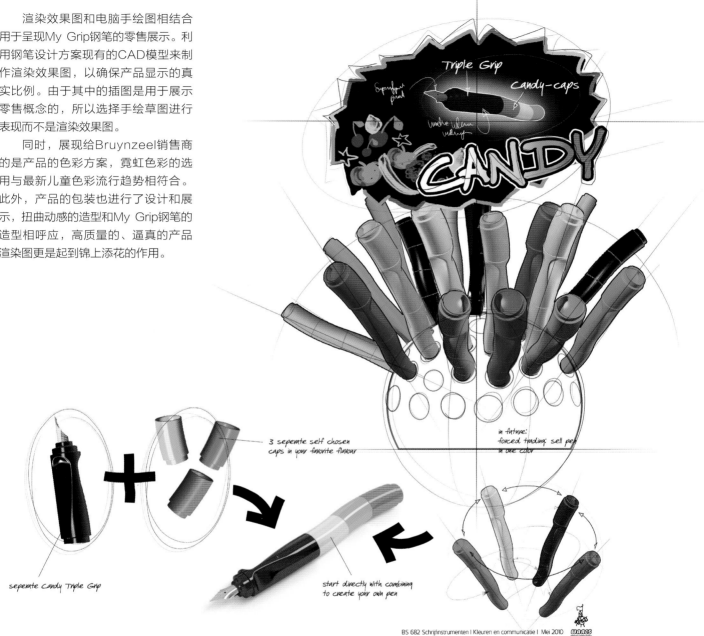

注释：钢笔的色彩选择了有限的几种荧光色，很适合年轻的使用者。色彩的选择反映了青年文化的产品语境，同时也使得产品更加吸引眼球。

第三章
视觉语义

"可视化让某些现象和部分变得真实可见并可以被理解，其中许多现象并不是裸眼就可以看见的，还有一些现象甚至没有视觉特性。"——琼·科斯塔（Joan Costa）[3.1]

所有视觉信息似乎都代表着这样或那样的意义，而这个意义对每个人来说并不都是一样的，这取决于许多因素，比如职业和文化差异，特别是在这个大众创业的时代，作为设计师必须清晰掌握这一点。视觉语义研究的是视觉符号和它们所指代的意义之间的联系，本章将阐明图标、符号、原型及隐喻的相互关系，研究由美国哲学家查尔斯·桑德斯·皮尔士（Charles Sanders Peirce）和法国哲学家罗兰·巴特（Roland Barthes）提出的语义学的相关方法。

3.1 简介

人们对于视觉符号十分熟悉，例如交通标志、图标、象形符号等，这些符号无处不在，人们在日常生活中学习使用和识别它们。在普通语义学中，如果元素承载着或代表着一定的意义，我们就把这些有意义的元素称为符号或信号，它可以是一个单词、一个声音或一个图像。在这本书中，我们仅仅研究视觉语义的范围，例如一个加油站的抽象图形作为信号，指向的是真实加油站。

我们给符号附加的意义对每个人来说可能不尽相同，它是一个"我们"共同认同的结果，"我们"可以代表"人""年轻人""营销者""素食者""中国人""过胖儿童""战争受害者"等等。显然，某个视觉符号不会让所有这些不同群体的人们感受到相同的含义。因此，想要了解语义就意味着你必须知道某些约定和惯例，一些文化中有不同于其他文化的约定，而一些人会比其他人更加了解其中的意义。另外，随着时间的推移，某些意义也会随之改变。

3.2 语义中的一些术语

语义中包括的术语有隐喻、象征、符号、图标和指示等，我们有必要在开始时对这些术语进行解释，以确保我们与读者之间的沟通清晰准确。

原型

一些符号被应用在全球范围内，例如交通标志。视觉符号非常有用，因为它们独立于语言之外而被理解，并且使用的广泛性可以超越文化意向，被广泛使用的、特定种类的符号我们称为原型符号。

如果某个图像能够体现这类物体的基本特征，我们称之为原型，它就像是一个"标准案例"或"基本案例"，其他的相关图像都是在这个基础上进行复制演化而来，原型图像普遍存在于我们每个人的身边。

一个符号或"信号"与它的指示对象

旧版和新版的车辆原型提取

原型意味着能够被普遍地、清晰地、简单地理解。在交通标志中你就会发现各种各样的原型图像，如果环游世界，你会发现自己不会对不同的交通标志感到迷惑，即使不同文化中会用不同的方式表现"车辆"，但是它们仍能够被普遍识别。当指示对象发生了创新性变化的时候，这些原型图像会随着时间慢慢改变。

图像能够越过文化差异的另一个领域是网络图标，它也能够被普遍理解并独立于语言之外。随着时间的变化，新的原型也会随之形成，例如左下角图中的符号可能会出现在里约热内卢的奥运会中，这是第一次将所有残疾人奥运会项目用象形符号来表达。

2016年里约热内卢残疾人奥运会的象形符号，巴西

不同的原型图像与指示对象

（原）典型草图

从一张图纸中我们可以获取许多信息，草图被认为是产品设计的一部分，同样具有承载意义的作用。产品设计师与建筑师和艺术家相比，需要绘制更多不同种类的草图，在设计过程的不同阶段中绘制的草图具有原型草图的特征，可以很容易被识别。

草图在整个设计方案的展现中可以被解读为符号，通常在产品设计领域中，不同的草图代表着设计过程中不同的阶段。

汽车设计草图通常很容易辨认，不仅仅是因为想要表达的主题不同，而且外观和感觉也不同，可以表达出强烈的情感诉求，例如美丽的、暗示的、梦幻的、未来的等词语往往被用来去描述它们。

许多汽车设计草图不仅仅是依靠功能层面的内容去吸引观看者的注意力，除此之外，它们可以传达出更多的信息，可能会带你进入一个充满想象力的未来。可能是因为与其他行业相比，汽车行业更具有未来感，因为从一辆汽车的设计到生产通常需要很长的一段时间。

典型的头脑风暴草图

   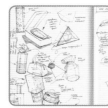

p. 168　　p. 129　　p.122　　p. 25

典型的概念草图

    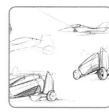

p. 185　　p. 163　　p. 110　　p. 85　　p. 157

典型的内部讨论草图

p. 160　　p. 188　　p. 163

头脑风暴草图

这些草图的特点是：高度的多样性，很少的细节，极少的色彩或根本没有色彩，十分潦草，具有联想性和直观性。

概念草图

这些草图与头脑风暴草图相比，通常会有更多的色彩、更少的样式及确定的（产品）方向，它们用于探索和解决实际的问题，例如分析使用方式、生产要求或材料选择等，因为其他方面的问题可能已经被确定。

（内部）讨论草图

这是指一种在设计师/设计团队内部讨论方案时会用到的草图，可以将草图和文字说明（潦草的想法记录和备注）贴在墙上，这种讨论往往发生在设计团队内部，或者是已经确定的客户之间。

概念表现草图

这些草图通常用来表达或展示产品的可行性，例如生产、材料或使用等方面的问题，同一个问题的不同解决方案通常会以相类似的方式展现，以便更加客观地比较和选择。

深入设计草图

与概念表现草图相类似，用于探讨和解决问题，但是这些草图会专注在一个较小的范围内，显示更准确的细节，探索更微妙的变化，这个阶段的草图通常用来展现真实的效果和细节。

展示草图

这种类型的草图同样也是被用于展现设计方案，但是，是以比之前更为详细或现实的方式来表达造型和感觉，草图中会添加更多的细节和色彩，甚至产品语境。展示草图通常用来说服、感染或吸引设计领域以外的观看者。

典型的概念表现草图

    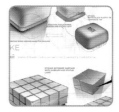

p. 123　　p. 87　　p. 110　　p. 169　　p. 191

典型的深入设计草图

  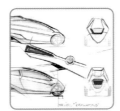 

p. 172　　p. 112　　p. 158　　p. 186

典型的展示草图

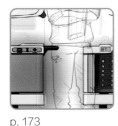    

p. 173　　p. 13　　p. 126　　p. 24　　p. 83　　p. 155

由FLEX/theINNOVATIONLAB®为Tefal设计的Freecom外置硬盘和Vitality厨具

p. 167

在草图中，我们可以利用原型来表达那些需要清楚知道和容易理解的东西，因为它们具有较高的辨识度，所以十分适用于以一种"客观"的方式去表达语境[见本章稍后有关巴特（Barthes）的内容]。在表达产品尺寸或使用语境时，我们经常会看到这样的案例。

原型产品

如果一个创新的想法因为其不常见的特征而不能被快速地理解，就需要通过其产品语境进行额外的描述，在这种情况下，我们可以使用视觉原型。如果一个产品不是原型的形态，想要增加可识别性，就需要对使用方式和产品大小这样非常基本的信息做出更多的说明。

然而，如果一个产品是原型的形态，就不会让观看者产生理解上的困惑，同时就能够更好地传达更多其他方面的信息。

非原型产品

p. 156

p. 189

产品中的原型

p. 76

p. 132

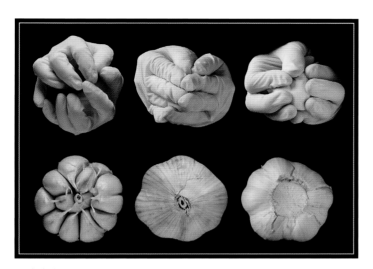

视觉类比

视觉隐喻

视觉类比是指一个图像与对象之间在某些方面具有相似性，而在其他方面又是不同的。例如，计算机与人脑有着相似的运算功能。[3.3]

视觉隐喻是一种修辞手法，将一个对象与另一个无关的对象在某一方面相对照，并认定它们在这一方面具有相同的特性。隐喻是类比的一种类型，它同其他修辞方式有着密切的关系，可通过联想、对照或相似来实现。

在纹章中使用狮子的形象十分常见，它通常象征着勇敢、勇猛、力量和权利，因为狮子被认为是动物王国的国王。你会在西欧国家发现很多以狮子作为隐喻的例子，15世纪的高兰登（Gelre）盾形纹章就是一个例子，如果取而代之的是四只老鼠，就会有完全不一样的效果。

p. 82

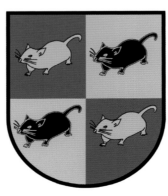

15世纪的高兰登（Gelre）盾形纹章　　可爱动物的盾形纹章

汽车制造商Peugeot使用狮子标志作为品牌标识

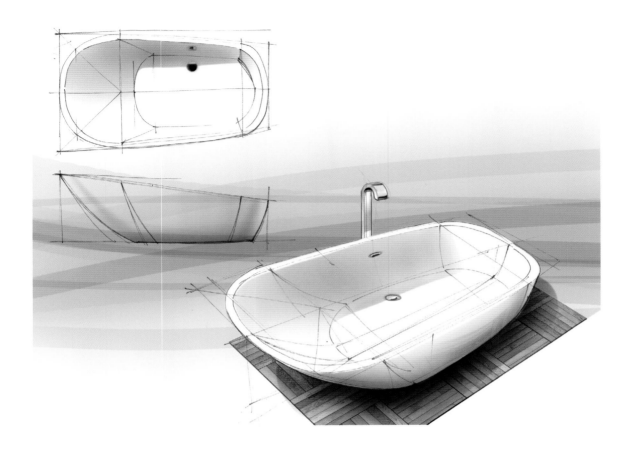

3.3　抽象

　　我们的大脑能够以某种方式理解抽象的图像，人类是地球上唯一可以做到这一点的物种。我们大脑的这个特性非常有用，可以简化视觉信息，并让它能够被理解。大脑可以感知看到的东西并把它与已知的东西相比较，我们可以通过简化视觉数据的方式来减少大脑的一部分工作，抽象就是其中的一种方法。

草图表现中的抽象

　　在上图浴缸草图中，蓝色条纹暗指水，显示水的抽象特征，与浴缸的草图相结合，我们所产生的联想得到了确认，我们可以肯定认为这与"水"有关。

　　一张手的照片比一张手的线稿能够显示出更多的信息，甚至在我们去除了周围的环境之后，除了手部的动作之外我们还可以看到性别、种族、胎记、指甲护理、年龄等各种各样的信息。

Jung von Matt广告公司设计的LEGO产品活动宣传图片

    一个人的许多信息可以通过手来展现，一张手部的线稿会丢失很多这样的信息，会让观看者的注意力集中在手部动作上。

    正是线稿的这种优势使得它非常适合作为说明书的展现形式，说明书中图像的目的就是让读者明白所显示出来的动作，图中多余的信息（"视觉干扰"）只会减弱这个目的。当你必须在照片和线稿之间做出选择的时候，你需要问问自己：我是否需要显示出它的样子，或者它是如何工作的？我是否需要让一个形态或机械装置可视化？在后一种情况下，抽象的方式将会更加有效。

p. 120

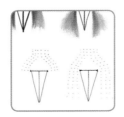

p. 113

p. 188

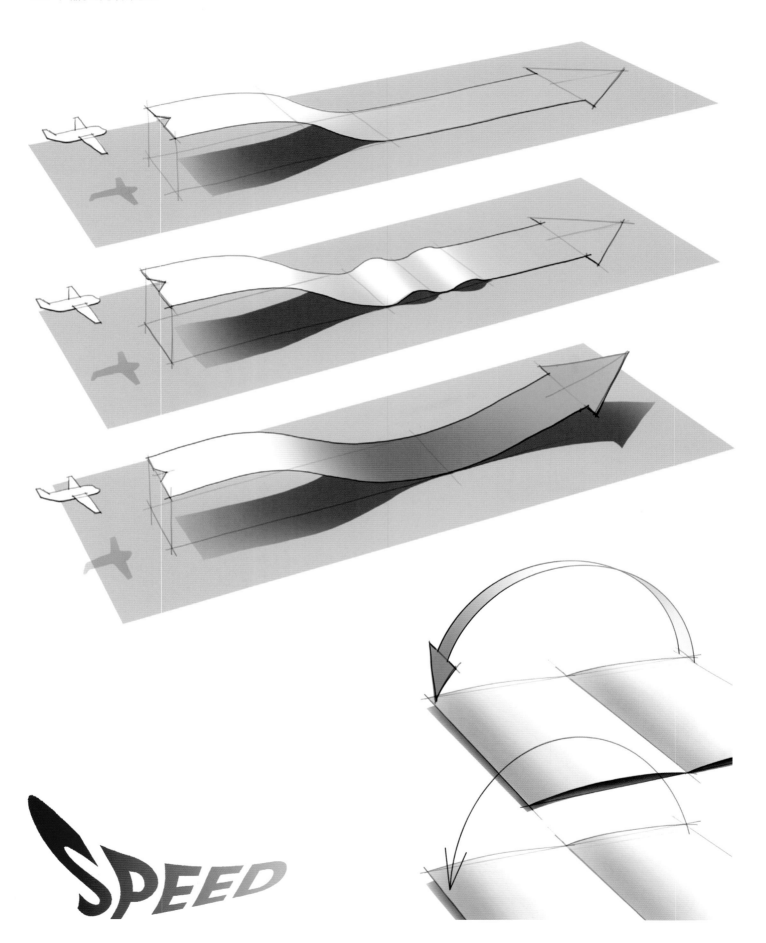

3.4 运动的表现

　　虽然草图本身是静态的，我们经常努力去描绘运动或动作，有以下几种方式来表达运动：使用箭头是一个被广泛使用的方法，箭头可以被添加到透视草图中，也可以以透视的角度画出来，这能够大大增强图像的视觉深度；描述运动的第二个方法是使用连续的步骤，类似于动画的表达手法，大脑会自动把这些步骤（格式塔理论：连续原则）连接起来，将图像转换成流畅的运动，就像电影一样，通常用户指南和操作说明书以这种方式进行组织；从这种方法衍生出来的另一种方法是绘制所谓"残像"，例如左侧图像中看到的，都集中在一张图上进行表现；另一种衍生出来的相类似的方法是绘制"动态模糊"效果，如下图中展现的那样。不过，需要注意的是，在这两张草图中，对象本身也表达了这种运动，溜冰者通过他的姿势以及下面物体通过其形式语言都暗示着速度。

p. 113

p. 188

p. 152

3.5 查尔斯·桑德斯·皮尔士（Charles Sanders Peirce）

有两个著名的语义学方法，其中一个是由美国哲学家查尔斯·桑德斯·皮尔士在19世纪60年代创建的、被广泛使用的分类系统，说明了符号和它的指称对象是如何相关的。他指出了符号代表指称对象的三种方式：相似关系、指示关系和规约关系。

1 相似关系

在这种关系中，符号与它所代表的指称对象较为相像，这是一个比喻的关系，你可以识别出对象的形状。相似关系可以在路线图（一个地理区域的等比例版本）或使用抽象图形讲解如何使用或组装产品的说明书中看到。

此外，例如在奥林匹克运动会中使用的象形符号就属于这一类，象形符号（pictogram）这个词就是由拉丁语中的图像（picto）和语言（gramma）组成。

Scholz and Friends为Vodafone设计的手机广告图像

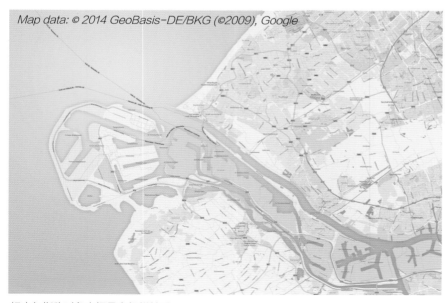

标志与指称对象之间具有相似关系

p. 123

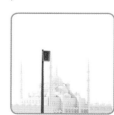
p. 24

p. 85

p. 115

p. 117

p. 130

2 指示关系

在这种关系中，标志以一种间接的方式指代其指称对象，例如可以通过联想的手段，晶莹的雪花和温度计的温度相关联。另外，许多网络图形也是通过这种方式相关联的，例如信封代表电子邮件，但是这个符号实际上是代表平信的图形。

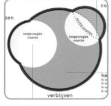
p. 116

3 规约关系

这种类型的符号与其指称对象之间具有一种非比喻的关系，形象化但不是现实的模仿，相反，它们是基于协定、习惯或约定。

符号与指称对象之间具有规约关系

符号与指称对象之间具有指示关系

符号语境

皮尔士也谈到"符号语境"，他强调在符号、指称对象和解释项（他/她的解释）之间有三种关系。他指出，我们感知符号的语境对于符号的理解来说也是非常重要的，例如我们所见到的交通标志都具有清晰的、易于被理解的意义，一些关系在某种语境中更容易建立。当然，相似关系的成立必须建立在观看者熟悉符号所代表的指称对象的基础上，然而通常情况下，特别是人们在交流自己的（子）文化时，相似符号是最容易被理解的，这就是为什么许多符号被用在了互联网上。规约符号需要更多的（业内的）知识才能够被理解，皮尔士指出，在演示的过程中，当使用图像代表意义的时候，要注意语义呈现出来的难易程度。当在符号中使用指示关系或者规约关系时，要确保你的目标观众对于这些符号的意义有着同样的约定。

3.6 罗兰·巴特

20世纪中期,法国哲学家罗兰·巴特(Roland Barthes)从另一个角度对语义学进行了研究,他从观看者的角度分类符号的意义,他把意义分为几个层级。首先,他把意义分为了两类:外延和内涵。外延是指明确或字面的意义,内涵通常是指文化或情感上的意义。可以这么说,外延是客观的,而内涵是主观的,同时又进一步把这两类意义分为两层:基本的和次级的。

外延

在右图中如果我们关注骑自行车的人,意义的层次分为:基本外延和次级外延。1-基本外延:"这是一个白人男性在有树木的环境中骑自行车",这是一个事实,并能够普遍地达成共识。

2-次级外延:"他骑的是90年代的Cannondale自行车,这是一辆相当昂贵的自行车",这仍然是一个客观事实,但不是每个人都知道这一点。

内涵

我们同样可以把内涵分为两个层次:基本内涵和次级内涵。内涵是主观的,对每个人来说都不同,通常分为积极的和消极的。

3-基本内涵:消极的看法可能是:"他是在炫耀,在路上骑如此昂贵的山地自行车是完全没有必要的";积极的看法可能会注意到背景中的城市环境:"他选择的是一种运动的、环保的交通方式"。

4-次级内涵:"他看起来像我的一个同事。"

由于意义的层次如此丰富,并更加偏向于内涵,图像的结果或影响变得不可预见。因此为了传递特定意义的信息,最重要的是保证发出者和接收者使用相同的信息模式才能够达成共识,同时,对于外延和内涵的约定也同样重要。

特别是在目标群体并不是十分明确或者目标类型非常复杂的情况下,如果把一个产品放置在一定的语境图中,想要避免产生歧义,一个较为安全的方法是尽可能展现指称对象最基本的要素,即原型。

如果观看者对于特定意义的理解能够达到第3层或者第4层,就说明这是非常有效的。一张内容丰富的图像中包含着多层意义,观看者可能会觉得图像是为他或她量身定制的,从而产生特别的感触,认为自己属于某个特定人群的一部分。由于这个原因,许多大企业在世界不同的地区使用不同的营销方式和商业广告。下图是FLEX/theINNOVATIONLAB®网站上的产品图片,通过在产品周围围绕的线图来表达产品(用户)的语境,这是一个功能语境,具有原型的性质。根据巴特的说法,恰好与基本外延相吻合,对于目标群体来说,它是直接的并易于理解的。

Apple Inc.的标识

如果我们用巴特的理论来看待apple inc.的标识，它同时具有外延和内涵的意义，我们把这张图像与（西方）社会一些根深蒂固的价值观联系在了一起。[3.15]

苹果本身就是一种众所周知的、容易获取到的水果，好吃又营养。苹果树生长在肥沃的土壤中，并为果实提供营养。我们都知道咬一口多汁的苹果是什么样的感觉和味道，这给人们带来了积极的回忆，甚至可能被联想到这代表一个新的开始，这就是外延的意义。

在内涵层面上，苹果在圣经故事中对于亚当和夏娃有着特殊的意义，吃苹果导致了人类的堕落，尽管这听起来可能很消极，但对有些人来说，这也代表了一个令人钦佩的（积极的）反叛行为。在现实中，弱小的Apple电脑公司与强大的IBM电脑公司的竞争就开始于对于既定方式的一种反叛，建立了自己独有的计算机接口和构架。此外，把圣经中智慧之树上的苹果与计算机产品（以及互联网）相联系，象征着这台设备是人们获取知识的途径。

总而言之，一个非常积极的标识能够起到强大的关联作用。

p. 128

p. 122

p. 162

3.7 色彩与语义学

人们对颜色的反应发生在本能层，来自于人们的直觉[3.4]。无论是你在表现中进行配色还是为一个产品选择颜色，观看者的第一反应在很大程度上是潜意识的，接收到的视觉信息结合在一起就形成了情绪或情感，同时也是因为色彩本身就可能带有一定的意义。你需要确保的是能够产生的这种关联意义或情感是合适的。想要选择一个合适的色彩方案，重要的是去了解你的观看者。

例如，几乎在全世界范围内黄金都意味着财富，但是白色既可以代表纯洁，也可以代表死亡，幸福可以通过白色来表达，也可以通过黄绿色或红色来表达！[3.5]首先需要确定的是：你面对的观看者是全球范围的吗？是中国人、年轻的、年老的、男性、女性还是亚文化的群体？他们具有一个特定领域的专业知识吗？等等。

在确定色彩代表的意义之前，还需要注意在一定的（子）文化中不能轻率地定义颜色的意义，色彩所存在的语境也很重要，例如橙色在时尚界中的意义就与在交通或宗教中的意义不同。

对于色彩的感知也会因为周围色彩的不同而不同，红色能够从灰色的阴影中脱颖而出（会吸引更多的注意力），但在其他暖色和饱和色中就不会那么突出。色彩组合会比单一的色彩更加具有冲击力，例如绿色和红色代表圣诞节，黑色和橙色代表万圣节。

p. 157

p. 123

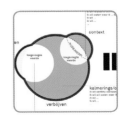

p. 116

p. 125

p. 89

p. 114

其他因素也会影响色彩的意义，例如阶级差异、气候、景观、宗教、美学传统以及当代文化和趋势等等。儿童喜欢明亮的、饱和度高的色彩，而成年人喜欢柔和的、低饱和度的色彩，每个季节有自己的色彩，每个独立的国家也有自己的色彩象征意义，例如绿色是（天主教）爱尔兰的象征，而橙色在荷兰代表积极的含义，指的是皇室。色彩在更小的群体中同样也具有不同的意义，例如，红色在金融部门代表的含义是负面的，因为它代表着所谓的赤字[3.5]；"英国赛车绿"是一种深绿色，代表着高速和高性能的汽车。[3.14]

黄色是最突出的色彩，因为人眼首先接收到的就是明亮的黄色，黄色在全世界范围内都与交通标志和警告相关联。

蓝色是西方人最喜欢的色彩，蓝色也可能是我们最常见的色彩，因为它通常与大海、天空、眼睛和寒冷相关联。

红色是一个醒目的色彩，它能够吸引人们的注意力，是人们最喜爱的色彩之一，在俄罗斯红色代表着"美丽"。

最常见的色盲是红绿色盲，他们很难区分红色和绿色。在西方社会中，这两种色彩通常用来表示应该和不应该，如果选择使用这两种色彩，就必须确保同时通过位置、线的粗细、形状等别的方式来区别[3.16]。

色彩象征意义的差异在不同文化之间表现的最为明显，例如西方人（基督教）（1）、中国人（2）、印度人（3）和伊斯兰（4）代表着全球的四大宗教，同一种色彩在每一种文化中都有着不同的意义。综上所述，一个色彩所能够代表的意义或相关联的事物离不开具体的语境，下图中的内容虽然不够全面，但是通过色彩在全球范围内显著的差异性和相似性说明了色彩语义的复杂性。

参考文献

[3.1]　Costa, Joan, La esquematica: visualizar la informacion, Barcelona: Editorial Paidos, Colleccion Paidos Estetica 26, 1998

[3.2]　Broek, Jos van den, Willem Koetsenruijter, Jaap de Jong en Laetitia Smit, Beeldtaal Persectieven voor makers engebruikers, Boom uitgevers, Den Haag, The Netherlands, 2010

[3.3]　www.graphicdesign.spokanefalls.edu/tutorials/process/visualanalogy/visanalogy.htm

[3.4]　www.webdesign.about.com/od/color/a/aa072604.htm

[3.5]　Weinschenk, Susan, Ph.D., 100 Things: Every Designer Needs to Know About People, New Riders, 2011

[3.6]　www.informationisbeautiful.net/visualizations/colours-in-cultures/

[3.7]　www.colormatters.com

[3.8]　www.ccsenet.org/journal/index.php/elt/.../8353

[3.9]　www.jesus-is-savior.com

[3.10]　www.webdesign.about.com/od/color/a/bl_colorculture.htm

[3.11]　www.wnd.com/2012/09/black-clouds-and-black-fl ags-over-obama/

[3.12]　www.hinduism.about.com

[3.13]　www.colourlovers.com

[3.14]　www.colorvoodoo.com/cvoodoo2_gc_lookin.html

[3.15]　www.library.iyte.edu.tr/tezler/master/endustriurunleritasarimi/T000560.pdf

[3.16]　Cairo, Albert, The functional art, NewRiders, 2013.

ArtLebedev设计工作室，俄罗斯

为ISBAK公司设计的伊斯坦布尔Isiklarius交通信号灯

受ISBAK公司以及伊斯坦布尔市政当局的委托，ArtLebedev设计工作室从零开始，设计一款新型的交通信号灯。

隐喻

交通信号灯的整体形状类似一个感叹号，因为感叹号本身就是为了引起注意和强调重要性，所以选择这样的符号作为交通信号灯的形态具有较高的辨识度。顺便提一下， 因为这款产品会在伊斯坦布尔大范围地安装和使用，所以这个项目十分受关注。

Isiklarius是世界上第一个在信号板上使用PHOLED（磷光有机发光二极管）技术的交通信号灯。在古土耳其语中，单词Isiklar代表火光的意思，在商队路线上火光意味着停靠休整，这个发出火光的地方被称为驿站。

过去的交通信号灯

未来可能的交通信号灯

现在的交通信号灯

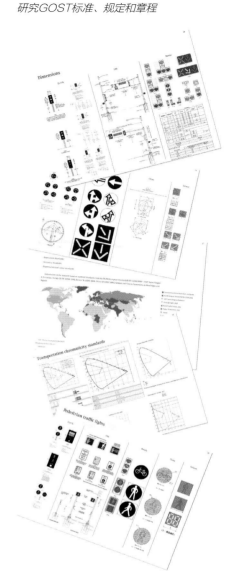

研究GOST标准、规定和章程

我们的工作室为Isiklarius交通信号灯配备了一个成熟的系统，用于发现视力受损和身体残疾的行人。当他们接近十字路口的时候，信号灯面板会通过特殊的图标提醒司机，发出为盲人服务的听觉信号，同时也可以提醒其他行人和司机。交通信号灯采用模块化结构，可以被安装在底座上组成任意形状和尺寸，支架可以使用常用的工具进行加固，而且不需要较高的精度。上部的组件分为两个单独的部分，同时作为行人交通灯，可以节省成本。

首先，我们调查了过去的交通信号灯是什么样子的，现在是什么样子的，以及未来有可能是什么样子的？我们针对这类产品的情况进行了调研，尤其针对项目的标准和限制条件进行了仔细的研究，我们把调研图片进行了分组，用于设计团队的内部讨论和与客户沟通，这种方式对于设计团队来说是非常有用的。现在，类似的政策和法规已经在各个地方被应用，尽管各种各样的交通信号灯已经存在，但是在外观和可用性的设计方面还有改进的空间。

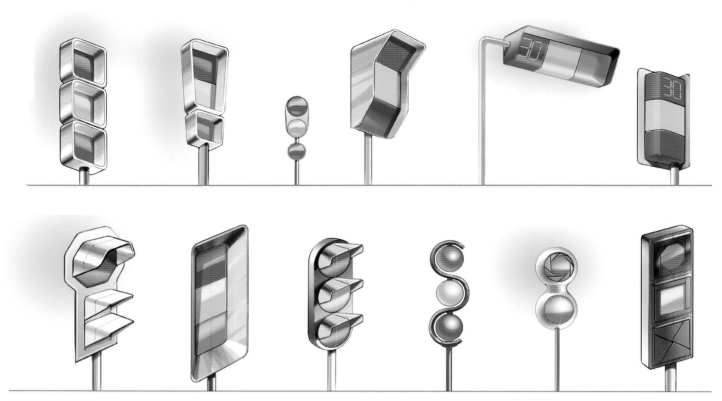

最具可行性的方案

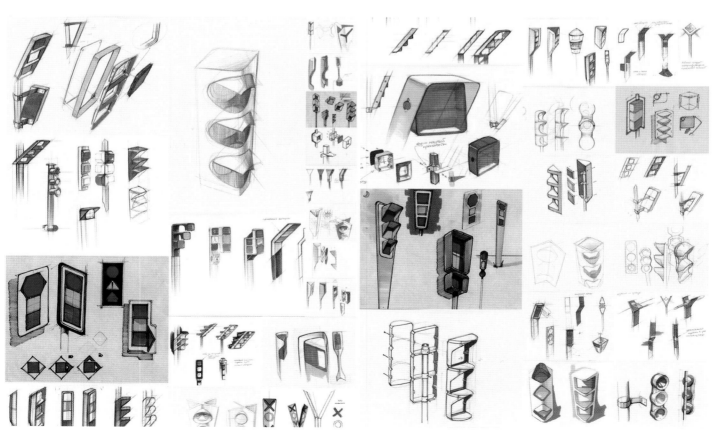

可行性论证

确定最具可行性的方案

在最初的头脑风暴之后，团队筛选掉不符合设计要求的方案，最终保留了12个具有可行性的设计方案。

为了给客户更好地展示方案，我们选择团队中的一个人去绘制这些概念草图，通过这种方式保证草图在风格上的统一性。这是非常重要的，因为这些草图在设计过程的选择方案阶段是作为展示用的工具，在这个阶段中方案展示的方式应该保证一致性和公正性。我们的目标是用一种简单明了的方式展现设计方案，有时我们改变交通信号灯形状和结构的透视角度和视图来更加清晰地表达设计方案。

注释：这种变换角度的方式十分有用，如果所有的方案都是用一种形式进行表现（相同的视角及相同的大小），将会让观看者失去兴趣。通过不同的角度和大小来进行表现使得草图更加有活力和趣味，同时还需要保持不同的方案草图之间版面风格的一致性。

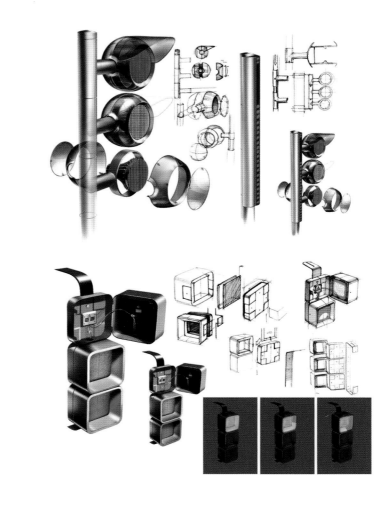

确定三个最优方案

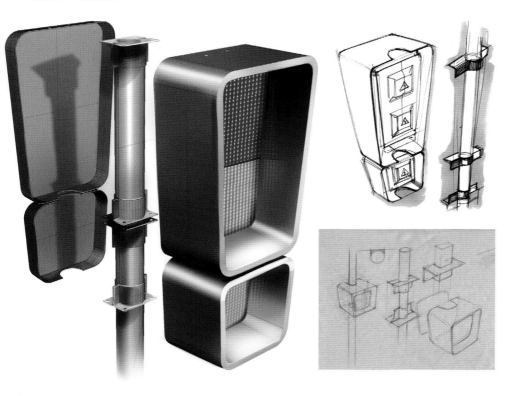

可行性论证

设计团队进一步进行概念的可行性论证。

深入分析

进入深入分析后，只保留了三个方案，并针对它们的结构进行了深入研究。之后，把本页中的三个方案展示给了ISBAK。

原因很明显，在之前的方案展示中，工程师提出了大量的问题。出于这个原因，我们在下一轮的汇报中将针对每一个设计方案使用较大的图片，周围附加许多较小的草图来详细说明零部件和细节问题。

开发额外的产品功能

接下来是在三个方案中选择一个能够满足所有设计要求的方案，例如工程结构、零部件组装、安装工序、维护维修以及人机工程学等要求。在之前的交流中，客户代表与我们一起针对三个方案的所有这些问题进行了讨论，之后选定了最终的设计方案。这个方案的草图被ArtLebedev设计工作室内部用于进行更深入的设计、讨论和交流。在设计的这个阶段，草图同样是一种很好的工具，一旦我们获得了最优的解决方案，我们就将这些草图变成一个CAD图。我们力求优化产品的流程，研究最优的内部结构以及交通信号灯打开和安装的工序。

工程结构、零部件组装、安装工序、维护维修以及人机工程学分析

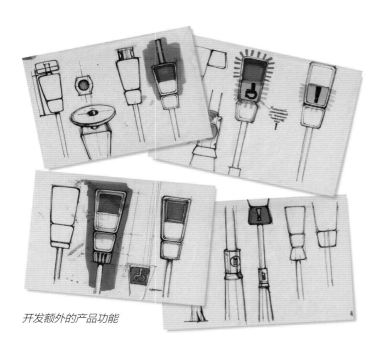

开发额外的产品功能

制作实物模型，工业设计部门进行方案调整

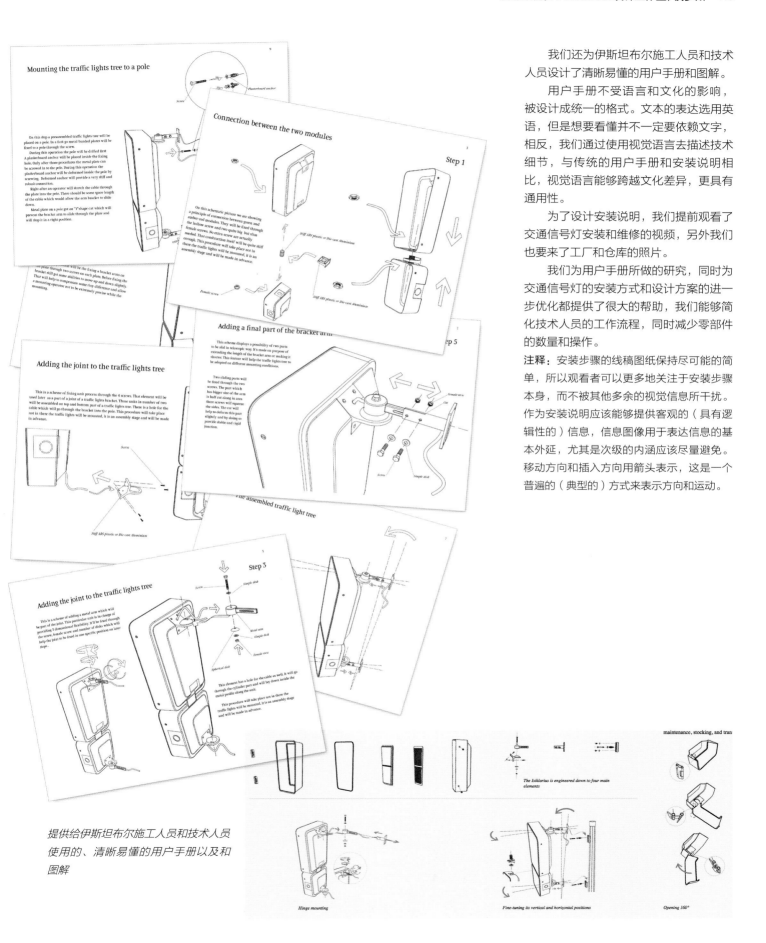

我们还为伊斯坦布尔施工人员和技术人员设计了清晰易懂的用户手册和图解。

用户手册不受语言和文化的影响，被设计成统一的格式。文本的表达选用英语，但是想要看懂并不一定要依赖文字，相反，我们通过使用视觉语言去描述技术细节，与传统的用户手册和安装说明相比，视觉语言能够跨越文化差异，更具有通用性。

为了设计安装说明，我们提前观看了交通信号灯安装和维修的视频，另外我们也要来了工厂和仓库的照片。

我们为用户手册所做的研究，同时为交通信号灯的安装方式和设计方案的进一步优化都提供了很大的帮助，我们能够简化技术人员的工作流程，同时减少零部件的数量和操作。

注释：安装步骤的线稿图纸保持尽可能的简单，所以观看者可以更多地关注于安装步骤本身，而不被其他多余的视觉信息所干扰。作为安装说明应该能够提供客观的（具有逻辑性的）信息，信息图像用于表达信息的基本外延，尤其是次级的内涵应该尽量避免。移动方向和插入方向用箭头表示，这是一个普遍的（典型的）方式来表示方向和运动。

提供给伊斯坦布尔施工人员和技术人员使用的、清晰易懂的用户手册以及和图解

展示最终成果

通常我们需要将设计的产品放在一定语境中去演示在预期环境中的应用，为了强调产品的使用氛围，可能是一个现实的（"它会很好地适应其环境吗"）语境，或是一个更抽象但仍然相关的语境。在右边的图片中没有多余的干扰（没有语境），设计（形状）清晰可见；下面图片中显示了失焦的环境，让你的注意力集中在产品本身上，尽管环境是模糊的，但仍能够让你感觉到产品所处的实际环境。

包括下图在内，本页中的所有图像都是提交给客户的，通过使用计算机图形编辑手段，我们尽可能地将新的设计成果在真实的城市环境中进行准确地展现，通过这样的方式去证明新的设计可以很好地与城市相适应，可以在各种不同程度的视觉干扰下发挥作用。

在我们的网站上针对每个项目都显示了大量的信息，包括比较详细的设计说明在内，这里显示的图片同时也呈现在网站上，都是通过用户语境来表达设计方案的。

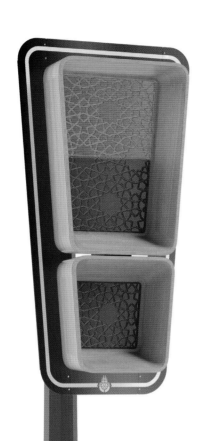

注释： 上图说明了交互性原则是一种比文字更为有效的方式（不过如果有任何疑问的话，在网站上也可以找到说明文字）。

下图展示了系统的模块化方案和玻璃保护层的图案设计，伊斯坦布尔的城市风光清楚地显示在背景中，用来说明玻璃保护层图案的灵感来源。

除了每个项目的设计说明以外，可以选择查看高清图片或更详细的设计过程资料，网页上包含了大量的草图、照片、效果图、模型等信息，并且可以看到按照时间先后顺序排列的整个设计过程。一旦项目完成，我们会把内部的设计过程分享出来，这样做有以下几个目的：它能够帮助人们

更好地理解影响最终设计成果的因素有哪些，以及为什么一部分概念方案被淘汰了；此外，它展示了我们的设计方法，希望能够对其他设计师和设计公司的设计事物所有帮助。

注释： 灰色背景代表了伊斯坦布尔的用户语境，具有一定的辨识度，使用抽象的形式与浅灰的色调能够更好地说明设计语境，同时也不会吸引太多的注意力。与信号灯相连接的其他结构选用了绿色和橙红色，但信号灯本身的感叹号造型并没有使用这两种颜色，因为它本身就是一个用于强调的标点符号。一个有趣的细节是，信号灯最下面的绿色方块亮起时是最容易被识别的，同时在绿灯亮起的瞬间最能够带给人们愉悦感！

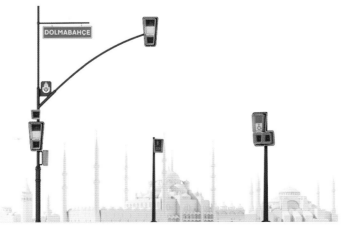

Fabrique设计工作室与Mecanoo建筑事务所合作，荷兰

为Prorail、NS和Bureau Spoorbouw meester 咨询机构设计的火车站设施及设备

我们希望2015年的火车站是什么样？我们如何为旅客打造一种受欢迎的感觉？Prorail（荷兰铁路基础设施部）、NS（荷兰铁路）、Bureau Spoorbouwmeester咨询机构、Fabrique设计工作室以及Mecanoo建筑事务所一起合作为荷兰火车站创建一个新的整体构想。两个工作室分别来自不同领域，针对旅行多变的语境、旅客多变的需求以及未来火车站的可能性进行了深入探讨，形成了一个共同的构想。在第一轮的方案汇报交流中，客户要求这个项目构想的表现形式必须具有一定的可视化，而不是一堆技术图纸。这是一个很好的开端，因为引导设计过程的将会是最初的概念和意图，而不会被过多的条件所限制。

"这个火车站需要一个更具有冲击力的名字"

第1步 分析

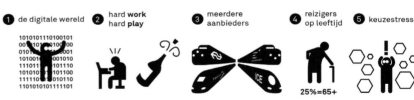

第2步 需求分组

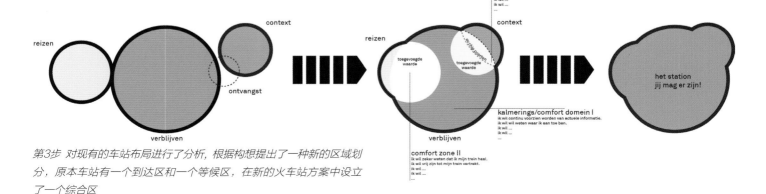

第3步 对现有的车站布局进行了分析，根据构想提出了一种新的区域划分，原本车站有一个到达区和一个等候区，在新的火车站方案中设立了一个综合区

Fabrique和Mecanoo从旅客未来期望和需求的分析入手，把2015年作为思考的起始点，尝试去定义高度数字化的世界将会是什么样的。通过分析我们发现，在这个项目中以下几点因素将起到重要作用："努力地工作，尽情地玩"的心态、更多的老年旅客、选择的痛苦以及荷兰铁路众多的竞争对手。最终，我们定义了5个关键的需求：在旅行中活动的连贯性（不浪费时间）；对预期的确定性；高品质的服务；不同等待方式的选择；当然，还有购物。这些关键点共同组成了一个整体的概念，在荷兰语中被叫做："je mag er zijn"，这个短语结合了两个隐含的意义："非常欢迎你来到这里"和"你值得拥有"。为了能够清晰表达这个概念，Fabrique和Mecanoo得出了一个结论：这个火车站需要一个更具有冲击力的名字。在荷兰，火车站的命名通常是把NS（荷兰铁路）的标识与地理位置名称相组合，例如【标识】阿姆斯特丹中央。设计师提出要重新命名车站，简单地称之为"het Station"（"车站"）。

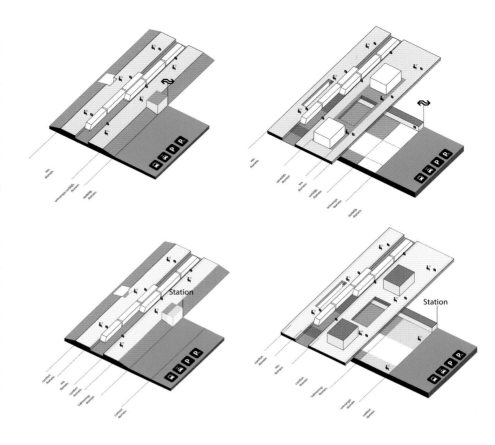

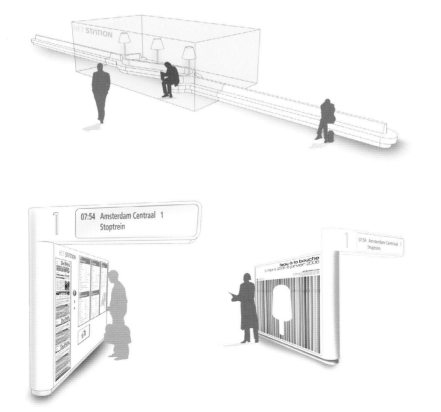

视觉化

在第一个设计阶段中，最大的挑战是需要预想未来，这也会成为稍后阶段中设计决策的依据。许多图表和方案不仅是为了表达想法，也是为了沟通问题，例如，用于分析划分不同类型车站对这一构想的影响。在这一阶段，我通过当面演示和分发手册来进行交流，这在建筑设计中是一种常见的做法，而在产品设计中，发送PPT文件进行交流是更为常见的做法。

注释：左图中的蓝色代表"玻璃"，灯代表"家"的概念。由于这张图中使用抽象的方式表达，所以观看者当然明白这展示的不是实际效果。左页最下面图中的形状和颜色通过常规关系来表达意义，即它们所代表的意义是基于约定的，这些约定并不是普遍通用的，只存在于这个设计项目之中，被观看者"学习并理解"，比如通过视觉方式能够把这些设计图中的图像关联起来。

在设计过程的第二阶段中，一些想法在测试现场中被应用。根据整体构想，我们选择和改造了4个现有的火车站。这里把所有关于设施、天蓬和照明的想法结合在了一张图片中，最上面图中显示的是现有情况，设计概念依托现有情况的照片进行表达。在这个例子中，设计图是从现状情况到最终想法逐渐建立起来的，但仍然是抽象的，没有细节，没有明确地具体化，最重要的是要展现旅行者期待的体验感，而现有情况的图片只是作为衬底和视觉的（比例）参考。这样的表达方式不会把太多的注意力吸引到底图上，而是更专注于我们提出的设计构想。最下面的图中显示了三种不同样式的天蓬，针对小、中、大尺寸被简化为三张截面图，虽然它们是各自不同的方案，但是明显具有一定的相关性。

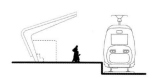

Nieuwe overkapping
bij enkelzijdig perron
bv. Duiven, Culemburg

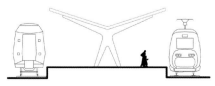

Nieuwe overkapping
bij dubbel perron
bv. Delft - huidige situatie

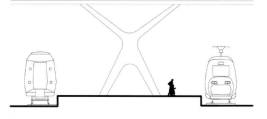

Nieuwe overkapping
voor het hele perron
bv. Leiden

设计工作室和建筑事务所之间的合作对各自双方都有一些有趣的影响。设计师，尤其是工业设计师，常常习惯于将设计的产品与环境相分离，不管是普通的黑白线稿还是各色马克笔绘制的效果图，产品图像经常与各种背景环境相冲突。相比之下，建筑师往往从实际情况的角度出发，尝试把设计方案与现有的实际空间相结合，这一点可以在车站的可视化方案中看到：原本旧的车站有了新的环境。

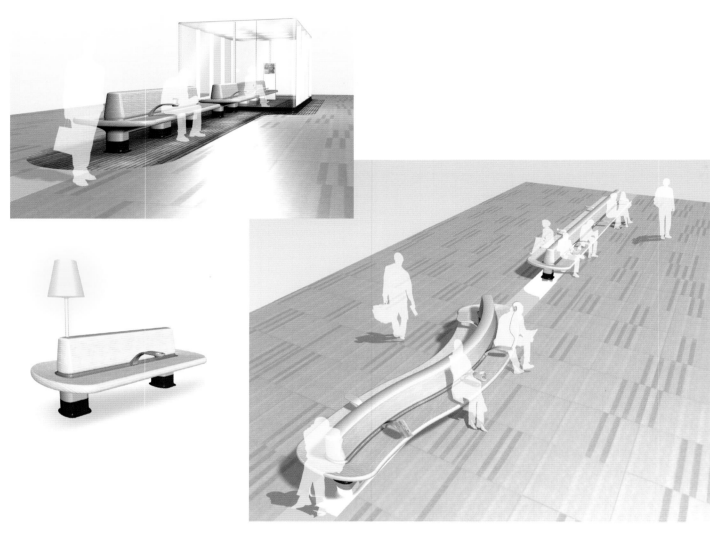

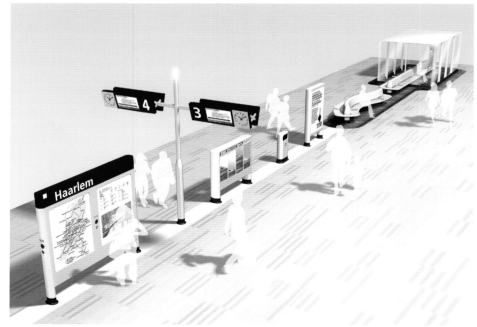

注释：逐渐地，在设计过程中跟甲方的可视化沟通越来越具有现实感。在本页中，可以看到设施设计方案在一定的语境中进行展现，虽然这种语境仍然是抽象的，但和NS（荷兰铁路）火车站的语境是相关的。环境设计使用抽象的手法是为了让图像的焦点停留在人机关系上，而不会被（不必要的）背景/视觉干扰所吸引。

在现实环境中的最终效果图

鸟瞰图显示的是设计方案中人机环境的概览，这样的形式使我们在一张草图中能够看到几个可能的产品/对象，同时在设计过程中，讨论的重点更容易突显出来，所以更利于进行方案的评价。

当然，我们也需要对设计方案在现实环境中的效果进行评价，最好的方式就是选择人视角度这样较为真实/自然的视角。

一些已经实施的私密空间和设施的案例。这里所展示的最终设计是在Blom&Moors形成的概念基础之上，由Fabrique设计、OFN-Epsilon Fabrique制造完成的

VanBerlo设计&咨询公司，荷兰

Durex品牌Embrace快感凝胶包装设计

Embrace™快感凝胶

　　Durex Embrace™快感凝胶组合通过巧妙的设计能够为夫妻双方带来新的感官享受。设计的任务是为新的男女使用的快感凝胶套系产品进行内包装和（如果需要的话）外包装设计，这需要重新建立Durex品牌语言，使其能够从货架上的竞争产品中脱颖而出，给用户提供一种特殊的体验。产品材料和大小这样技术方面的条件从一开始就被确定了。

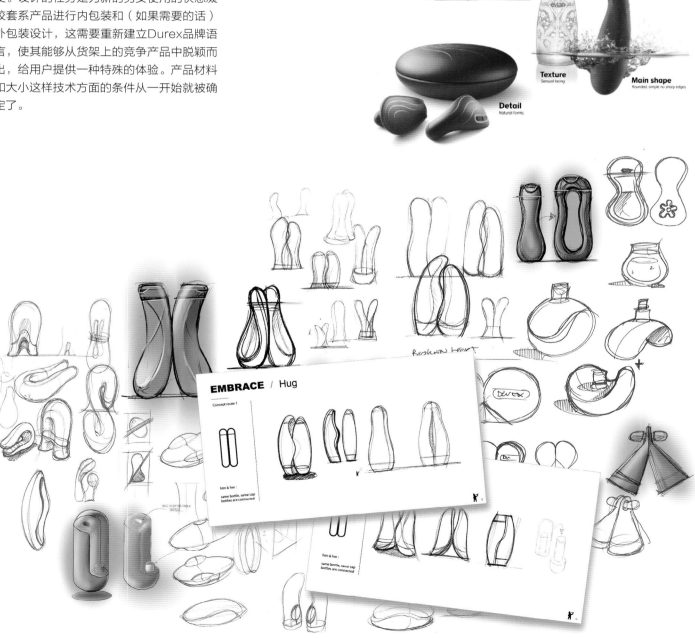

概念生成

通过图像和文字确定了所谓的"设计DNA"，就是概念生成阶段。最初，我们绘制了大量的草图，然后将所有的方案分成不同的设计方向，绘制的草图先进行内部筛选，最后把针对每个方向筛选出的最优方案给客户展现。

在第一轮的草图中，我们的设计团队探索了两个形状结合的不同方式，图中几个被着色的方案代表着几个具有可行性的方向，再把每个方案都绘制在单独的图纸上给客户看。

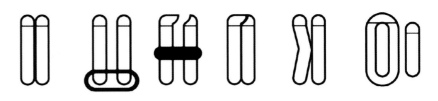

概念设计

在概念设计阶段，针对概念生成阶段所选的设计方向进行细节化和形象化地深入设计，给客户呈现不同角度的图像。我们按照1:1的比例绘制草图，充分考虑到客户提供的货架摆放空间的要求，把绘制的草图打印出来以便于脱离显示器进行观看和评价。在初期的草图中有一个被称为Huggalicious的方案，这个概念中两个不同形状的瓶子完美地组合在一起，可以说是互相"拥抱"，这个方案最大的亮点是符合概念设计阶段定义的"huggalicious"相类似的感觉，我们进一步优化了方案，为男女不同的瓶子选择使用相同的瓶子造型，这样又可以简化生产工艺。所以我们选择这种思路为设计方向，展开了新一轮的草图绘制，绘制了更为真实的最终产品图像，图中还包含了标识和所需的产品说明。

注释: 蓝色和粉红色分别代表男性和女性。这个阶段的任务是探讨和研究内包装的形状，色彩作为功能性的工具，只是为了体现性别。通过它们的形状和位置，产品的内包装巧妙地展现了快感凝胶所包含的用户语境。

为了更有效地探讨和评价内包装的形状，大部分的草图是以平面图的方式来展现的。

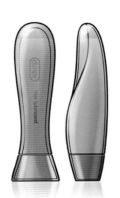

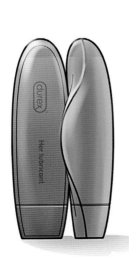

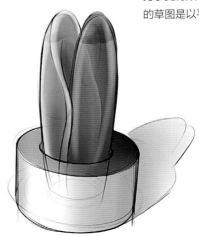

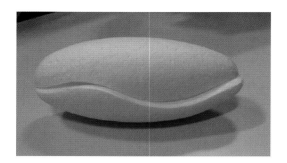

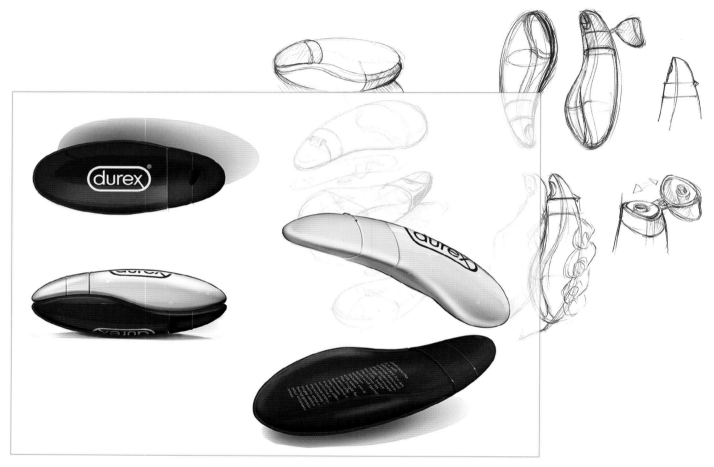

所选出的概念方案转化成电子文件并进行渲染，这样的方式使得项目向实现更进了一步，并为我们提供了色彩研究的基础。

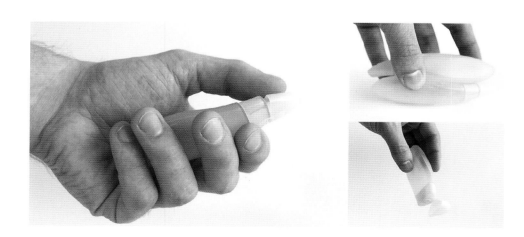

Seductive

Emotion

Intimacy

Purple flow

The moment

Silky red

快感凝胶包装的色彩研究

由于设计需要与男性和女性消费者通过色彩代码进行沟通，我们制作了大量的情绪板。我们确定了几个色彩方向呈现给客户，并针对这些颜色进行了消费者定性测试。

注释：VanBerlo对于色彩的含义及其与情感的关系十分重视，展开了专门针对色彩的研究，以获得最佳的配色方案。情绪板是描述情感的一种非常有效的方法，可以从图像中选择一些颜色来达到配色的协调感。

配色方案通过对色彩本身以及图中所呈现的内容反映了情感，被选择的指称对象与现实之间只有十分细微的差别，因此具有普遍性。最后，寻找潜在用户进行测试以缩小色彩选择范围。

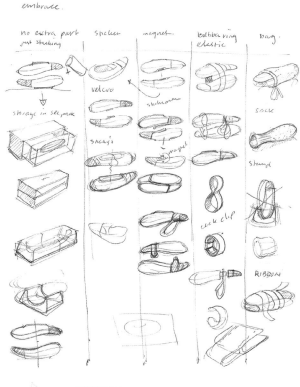

连接方式的选择

在概念测试阶段，客户要求我们针对打开外包装后里面两个瓶子的不同连接方式进行研究。

在这个过程中，我们的设计团队建立了初步的3D CAD模型，确定了一个"主要草图"作为基础，在这之上进行少量修改，来展现不同的概念。相比3D模型来说，我们更喜欢草图，因为它具有更大的灵活性，同时能够快速地提供大量不同的选择方案。我们想到的连接方式包含磁性吸引、胶粘、装盒、丝带捆绑、套环卡住……

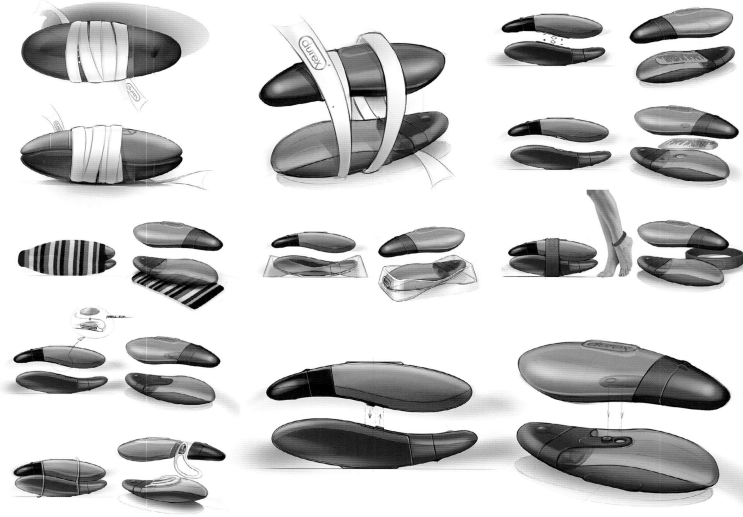

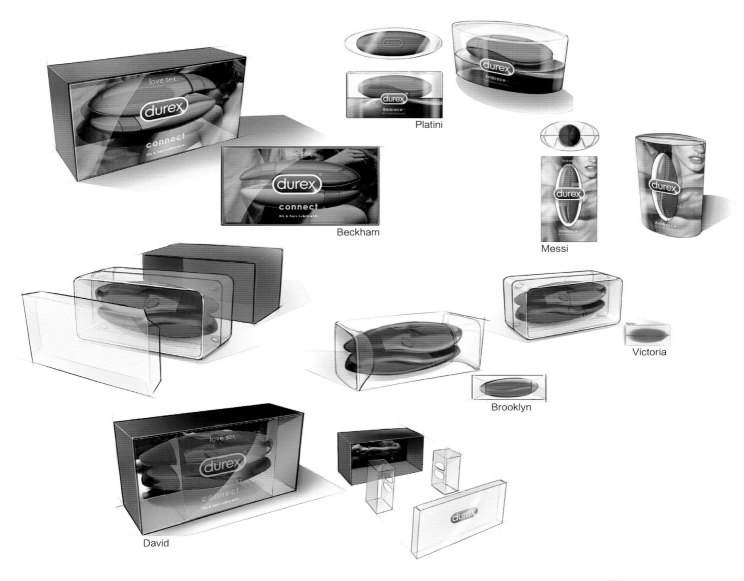

Platini

Beckham

Messi

Victoria

Brooklyn

David

外包装设计

针对外包装的设计我们探讨了几个方案，首先手绘草图，然后选择几个概念方向绘制2D和3D数字草图，呈献给客户。

这样做是为了更好地展现外包装的形式以及在货架上的真实效果。我们展示了竖直包装和水平包装这两种形式，并表达出了让瓶子悬浮在外包装中这个创意想法。

一旦主要方向被确定，我们就开始着手研究外包装内部能够让瓶子悬浮起来的形式。方案的名字来源于世界一流的足球运动员，为的是更容易区分不同的概念方案，我们经常使用这些名字作为产品的代号，它为项目增添了少许的轻松感和有趣性。当贝克汉姆（Beckham）的概念被选为主要设计方向时，这个方向衍生出的相关方案都会以他的家人来命名。

最终产品

在最后确定的产品形态中，仍然可以找到最初的设计意图：每个瓶子具有自身独特的形状，彼此连接合为一体的时候仍然很和谐。

马塞尔·万德斯，荷兰

意大利Alessi品牌的 Dressed炊具设计

"欢迎来到我的厨房！

让我做你的仆人和厨师。

在这个神奇的宇宙中，豌豆亲吻胡萝卜，花椰菜无花地绽放，帕玛森干酪和通心粉相爱，红酒醋与橄榄油激烈地搏斗。

刀子在飞舞，勺子在指挥。

在这个世界中，菜谱留给书架，眼睛和鼻子给对方带来惊喜，在这个宇宙中，我为快乐而烹饪。

但是，今天是特别的一天，今天我的客人们敞开了胸怀，分享成千上万句话语。

他们的头上带着鲜花，蝴蝶停留在衬衫上。今天我有助手，我的助手是身着闪亮盔甲的骑士，是冷艳的美女，我称之为朋友。

优美的、乌黑的、闪耀的、哑光的，得心应手，迷人美丽，他们烹饪，他们烘烤，他们收集我散落的烹饪灵感。

这些朋友和仆人用煎炸、用搅拌、用宝石一般的气泡，不仅征服了我的厨房，也征服我的餐桌。

今天我们不烹饪，我们创作。

今天我们不分餐，我们服务，

今天我们不吃饭，我们品尝。

今天我们不说话，我们是一体的，

今天我们不是活着，我们是在赞美生命。

今天我们在厨师的桌子上，像每天一样，为这个时刻的到来而精心打扮。

用你的眼睛震撼你的心，明天将会是另一个很特别的一天……"

—— 马塞尔·万德斯
（Marcel Wanders）

2012年，荷兰设计师马塞尔·万德斯受意大利Alessi品牌委托，为其设计一系列铝制的炊具。

炊具作为新成员加入了Alessi Dressed系列产品的家族，这是由煮锅和煎锅组成的一套完整的炊具系列，闪闪发光的银色盖子上带有美丽的图案，与2012年Alessi成套的餐具、杯子、刀具共同组成了Dressed厨房用具系列。从厨房到餐桌，Dressed可以用于烹饪，也可以用于餐桌服务。

是时候为该炊具进行精心设计了。

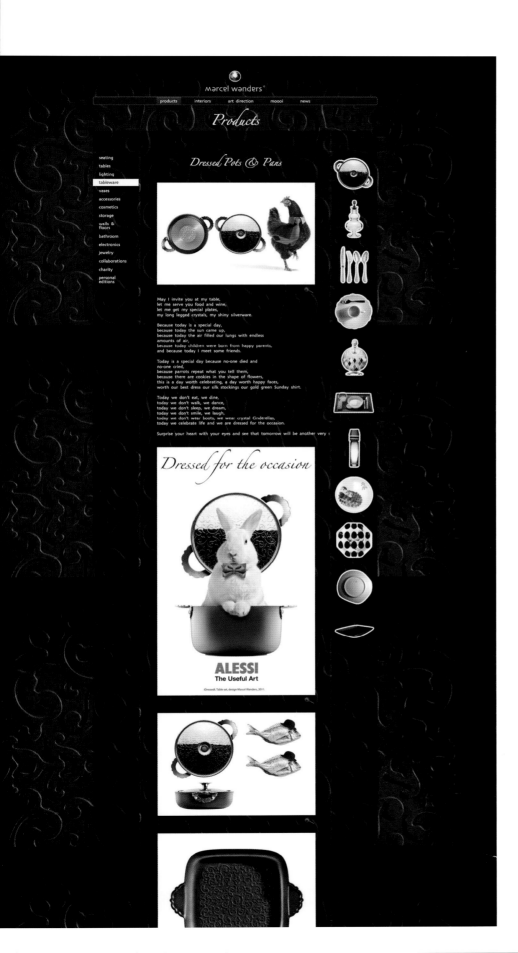

在外观方面，区别这些锅与其他现有锅的最明显特征是锅底部中心和锅盖上凸起的装饰图案，这个图案是由设计师专门设计的，是一种特有的、易于识别的图案。这种精细的装饰在马塞尔·万德斯的设计作品中十分常见。

在马塞尔·万德斯的网站上，这些锅被显示在由这些装饰图案组成的黑色背景之上，这样的形式可以把观看者的注意力吸引到这些背景装饰图案以及锅的装饰图案上面。

黑色的背景结合白色的诗文和图像给人童话般神奇和奢华的感觉，这也是马塞尔·万德斯设计作品中常见的特点。浏览马塞尔·万德斯的网站，你会发现这个设计作品十分符合他的设计风格。

注释：左侧的图案代表丰满和财富，但也同时代表颓废和媚俗，它所代表的是一种指示的语义关系，它的内涵会随着观看者不同的解释而变化。

这些产品的图片首先吸引你的可能不是这些锅，而是旁边的动物，这些动物可能就是晚餐的食材，但是它们被精心打扮，好像要享受自己的节日晚餐。这不就是"盛装的餐具、盛装的晚餐"吗？在这个案例中，我们看到的第一个动物是一只坐在黑色锅里、带着红色领结的纯白色兔子，它是唯一一个在锅里的动物，所有其他的动物都显示在锅的旁边。这样的形式增加了一层特殊的意义，暗示魔术师手中能够变出兔子的黑色帽子，它还可以指向《爱丽丝梦游仙境》中的白兔。

所有的锅都配了一只要被煎炸或炖煮的动物，并不是所有的锅都包含了关于魔术师的意义，但是每个锅都与动物相关联，盛装的动物意味着奢华的晚餐以及童话和寓言，也就是（西方社会的？）外延。

随着这个联想更进一步，也可能认识到一个可怕的内涵：去烹饪一个刚刚被赋予人格的动物是多么的残忍。

注释：从巴特的观点来看，基本外延是"锅和兔"或"锅和鸡"；次级外延是：奢侈的锅，纯洁的白兔，盛装打扮；基本内涵可能是关于寓言的联想；尤其是对于素食者来说，次级内涵这种间接方式表达出来的可能是虐待动物。

注释：如果一个图像只通过符号学来表达其基本外延是安全的、明确的、无攻击性的，像本案例一样使用多层次的意义有可能会变得很棘手，但是也能够大大提高观看者的视觉体验。

马塞尔·万德斯和Alessi公司在图像
中通过"装饰"设计作品来达到刺激销售
的目的。这些图像被展示在马塞尔·万德
斯的网站上、Alessi2012年秋冬产品宣
传册中（本页中的图像）、Youtube网站
上的一段宣传视频中以及Alessi网上商店
里（右页下图所示），每个不同的情境下
图像有着不同的用途。

Alessi的产品宣传册以最闪耀和诱人
的方式成为主要的产品展示平台，观看
者主要由（潜在）客户/用户及零售商组
成。动物的一部分作用是作为锅使用方式
的参考，但主要是外延层面的作用，包含
有童话故事、奢华和独特性的含义。

页面的构图能够展示出产品的全部
信息，动物发挥了突出的视觉作用，通过
色彩和细节，尤其是独特性吸引了视觉注
意力。

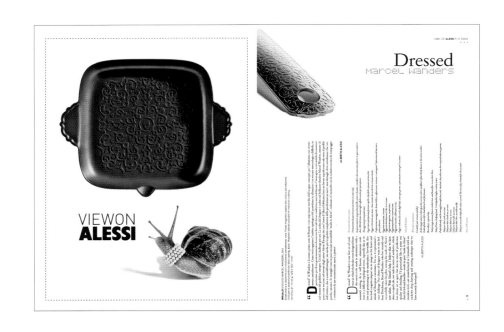

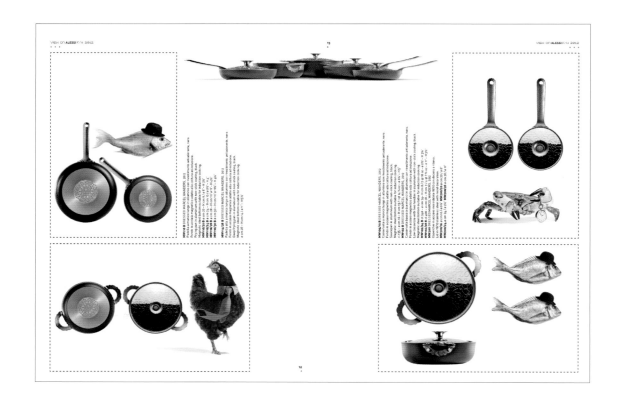

Alessi 在他们的网站上（以及 Youtube 网站上）发布了宣传视频，呈现了完整的 Alessi 2012 年秋冬产品精选集，目标受众是潜在客户和零售商，现在这套锅作为精选产品的一部分也被展示出来。左侧图中显示的是宣传视频的截图，在宣传视频的开始和结尾，装饰图案和锅的形状清晰可见，宣传册中的动物并没有出现在视频中，取而代之的是一块放在锅中煎炸的、卡通风格的肉，它与视频的动画风格相吻合。

看到这些视频的截图，你可能会意识到动物图像在视觉上和语义上的重要作用。在视频中，锅被展示为完全不同的另一种风格，猛地一看，你可能会认为这不是一个明智的做法，但是考虑到动画是为了说明锅的使用方式，所以这可能并不是一个坏主意。

视频中的锅以一种更为客观的方式展现了它们的本质，更重要的原因是，视频的作用是为了展示完整的 Alessi 2012 年秋冬产品精选集，而不仅仅是为了展示这一系列的炊具，因此让不同的产品保持和视频一致的动画风格，可以保证整体效果的连贯性和一致性。

在视频中和网上商店中都没有出现动物的形象，这段视频在完整的 Alessi 产品系列的语境下"客观地"展现了该设计。

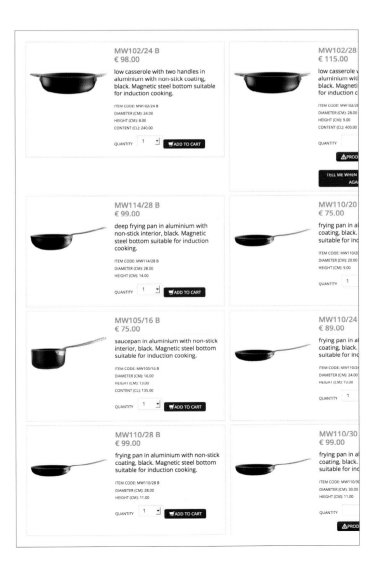

注释： 顾客在Alessi网上商店中选择他们想买的产品，这些产品以另一种方式进行展现，图中没有动物也没有其他的装饰，没有通过其他的方式去吸引顾客，展现出来的就是平面（侧面）图和产品信息。这是有一定原因的，首先，以侧视图的方式显示产品，这与其他网站的形式相一致，因此能够保证信息交流的一致性；第二，从视觉上来说，这个视角最容易区别不同的产品，这样顾客可以方便地找到想要的产品。网上商店的浏览者被认为大部分是已经了解了产品并打算要点击购买的消费者，所以所示的产品图片几乎是以缩略图大小的形式进行展现，但能够有效地被识别。

第四章
设计表达中的视觉修辞

一名设计师在设计中要表达的内容很多，在某些情况下，他/她在设计中表现的内容非常丰富，例如造型、进度或工艺装配。在其他情况下，设计表现需要具有更加使人信服或者打动人心的特点，视觉修辞在上述情况中都能够发挥重要作用。修辞是一种表现说服力的艺术，表达的对象决定了你以何种方式去表达，草图或者图像的表现语境能够影响人们如何理解它。

修辞学来源于古希腊，曾在辩论和辩护等言语交流中被使用，这个理论（亚里士多德，Aristotle，公元前330年，上图）在言语修辞和视觉修辞中仍然适用。现如今，图像（照片、渲染图、草图、信息图形、幻灯片等）是普遍的交流方式，图片销售市场的出现，再加上网络使得获取图像变得更为容易，这些都起到了促进作用，修辞成为了一种重要的视觉分析工具。

4.1　语境与构图取景

　　如果抛开周围的环境和语境来观察一个物体，我们可能会不清楚其中的意义。大部分情况下，物体需要一定的语境来表达意义，或者简单地指明隐含的意义，尤其对于一些创新的或罕见的产品来说，观看者需要通过一定的语境来更好地了解它。一个物体如果没有语境会使人感到困惑，可能会导致观看者把它当做配图，但是同时也可能会引发观看者的好奇心。

Tarta人机工学座椅靠背：配图和语境图

VanBerlo's Vendinova自助水吧，在产品渲染效果图中加入手绘的用户语境，能够使观看者更好地了解品牌的零售环境

　　网站的主页上通常单独使用小的（裁切的）产品图片而没有添加语境，如果把这些图片用于设计表现，可能会使人感到压抑和困惑，但是把它们当做缩略图来看，就起到了配图的作用。

"地球上一半的烹饪方式都需要明火并会产生烟气，这导致每年超过四百万人死亡，并影响了全球气候变化。BioLite家庭炉灶是一种生物质烹饪炉灶，能够使废热转化为电能，减少了95%的烟气排放，同时可以为手机和LED灯充电……"

BioLite家用炉灶（上图），以及BioLite野营炉灶（下图）

语境所包含的信息是非常丰富的，能够用于说明用途、尺寸以及其他的外延，也能够唤起人们的情感或者联想。更进一步来说，语境能够被用来加强人们对于对象的感知，或者被用来把用户需求或设计语言与对象联系起来。

在BioLite的网站上，正在推广两款基础产品组合。BioLite家用炉灶和BioLite野营炉灶使用的是同样的技术，但针对两种完全不同的用户群体。产品适用的不同用户群体是通过使用不同背景图片相区别的，野营炉灶通过在图片中添加iPhone和树枝来表现它的使用方式。

在高度创新的设计中，由于产品没有被大众认识和接受，所以语境图可以用来更好地表达设计意图，例如在LUNAR和Spark这两个设计案例中呈现的那样。后者利用机场来表达飞行；在WAACS设计案例中，产品用途和适用的用户群体是通过设计来单独说明的，而且不需要特定的构图取景和语境图来表达设计意图。

p. 189　　　p. 156　　　p. 84

如果你重视对于语境的表达，你就能够引导观看者从某一特定的角度去思考。这就是我们所谓的"构图取景"：字面上的意思就是把一系列的东西放置在特定的画面（取景框）中。我们通常会通过联想把在取景范围内看到的事物自动地联系起来（格式塔理论），就像带有边框的图片一样，它所展现的只是整体中我们关注的那一部分。当对一幅图像进行构图取景时，部分背景会被舍弃，剩下显示出来的语境就变成了重点。

构图取景作为一项技巧，有时候并不受人欢迎，例如在产品销售上会被用来欺骗和误导消费者，但是我们也必须知道，由于任何信息都会借助某些取景和假定的形式存在，所以不存在绝对客观的信息交流。当然，构图取景这个技巧也可以被用于好的方面。通过构图取景，我们所做出的决定与判断会受到信息呈现方式的影响[4.1]，通过有意地舍弃或增加一些图像和文字，可以传达和表达出一些特定的意图，这也是构图取景的功能之一[4.2]。当我们的图片中包含观察者最敏感的信息时，构图取景这种方式是最有效的。

有一种特殊的构图取景方法叫做"漂绿"，这种构图取景方法是指将某些破坏环境的产品通过（欺骗的）手段使人们认为它们对环境保护是有利的。

使用构图取景方法应遵循以下三个步骤：
*选择：哪些方面需要呈现出来，哪些需要重点表现，哪些需要舍弃？
*强调：哪些方面需要重点强调？
*解释：增添一些额外的选择，可以是文字说明，类似于报纸的标题一样引人注意，或是增加颜色的选择、色彩对比、图像视角等。

飓风之后的一种营救工具

冰雕艺术家的一种创作工具（正面的）

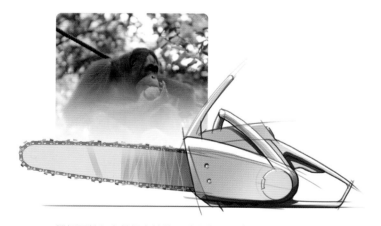

毁坏雨林和自然栖息地的一种砍伐工具（反面的）

Icelandic网页上的图片

设计师菲尔·弗兰克（Phil Frank）网页上的Nike Epic运动背包的图片

没有语境的背包图片主要用于表明背包样式，有人背包的图片不仅仅是为了说明背包的用途与尺寸，而且双手放置的方式也为图中加入了额外的信息。暗色的背景有利于在视觉上突出手臂不同寻常的动作，从而在视觉上成为焦点，图中双手的姿势表现强大的力量（暗示背包的耐磨性良好），同时一双健壮的手臂也传达了冒险和户外的寓意。

例如，在npk这个设计案例中，灰色的语境图用来表现产品的尺度，并把该设计与自行车联系起来；ArtLebedev的网站上用了一张抽象的伊斯坦布尔市的图片作为背景来强调它的文化语境；在Van der Veer这个设计案例中，图中文字用来强调其设计特点；在Fabrique案例中，语境的表现对于理解设计方案对人们旅行行为的影响是非常必要的。当然，上述都是一些中性的或正面的案例，在VanBerlo这个案例中，图中的色彩加强了整体的气氛效果；在Waarmakers踏板车设计的图像中，真实的城市背景图形成了一种真实的氛围，同时也说明了设计是真实存在的（尽管这只是一张CAD效果图）。

p. 167

p. 115

p. 152

p. 120

p. 125

p. 82

学生设计师菲利克斯·丹尼斯瓦尔（Felix Danishwara）在线作品集中的Honda
CBR摩托车设计的屏幕截图

4.2 修辞者和听众

在古典修辞学中，讲话的那个人被称作"修辞者"；聆听的人被称作"听众"。图像的听众就是观看者。需要指出的是，想要作为视觉修辞者往往没那么简单，是不是草图或者图像的作者就可以被称为视觉修辞者？大多数情况下不是这样的，例如，在一个独立摄影师的网站上，看起来修辞者似乎就是摄影师自己，然而，如果照片是根据客户要求制作的，那就不同了，修辞者可能就不再是照片的摄影师，甚至也不是照片的版权所有者，而是将要使用这些图片的客户（个人或公司）。例如制造商（修辞者）网站上的产品图片经常针对的是潜在购买者（听众）。

当一名独立设计师去见客户，那么设计师就是修辞者；如果一名设计师为设计工作室服务，这名设计师代表了整个设计工作室，那么设计工作室就是修辞者。

设计工作室会在自己的网站上展示自己，已发布的这些设计草图和图片的修辞者不是设计师本人而是设计工作室。一般情况下，设计工作室网站面对的听众是由潜在（商业）客户组成。在线作品集的缺点是每个人都可以获取这些信息，包括一些对设计感兴趣的人和竞争对手。

设计学学生的在线作品集有很明确的修辞者，就是学生本人，但听众的种类就有很多，其中有同行的学生和设计师，他们通过观看设计作品集来了解设计趋势或者寻找设计灵感，也有设计工作室猎头和潜在客户通过作品集来物色人才。不同情况需要选择不同的修辞手法，不同的信息要通过不同的修辞手法表达出来。在制造商的网站上需要强调的是产品质量，而在设计工作室的网站上更需要强调的是产品设计过程，因为修辞者与听众的不同，同样的图片在不同的修辞情况下表达的意义也不同。例如，Grolsch啤酒瓶的设计图用在制造商的网站上，表现的是一种跟啤酒相关的生活方式，同样一张图片如果用在啤酒瓶设计者的网站上，则需要表达的是"我们把啤酒品牌标识融入了瓶子的设计中"。

4.2.1 一些特殊的听众

众筹

由于众筹的出现，设计领域已经变得更为开放，并且在持续发展，这就意味着，没有最终完成的设计方案（设计概念）首先要通过一些人的评估，而这些人可能完全不了解设计领域，他们没有通过视觉资料就做出决策的相关经验。从事设计的专业人员能够看到"超出视觉信息以外的"设计理念，这对于设计外行来说是完全做不到的，一个没有经过视觉信息阅读训练的人通常会更加关注你所展现的形式而不是设计理念本身，因此设计表现（或传达）就变得非常重要。对于那些外行人来说，他们认为电脑渲染效果图才是"经过深思熟虑的"和"完整的"设计理念，手绘的草图只是初步的设计概念，然而，事实上很可能恰恰相反。

例如在设计竞赛或设计众筹项目中，这将会成为一个非常现实的问题，精心制作的CAD效果图能够轻易地欺骗对设计不了解的人们。众筹网站Kickstarter意识到了这个问题，并禁止使用效果图，仅允许使用工作原型的照片。Kickstarter宣布在硬件和产品设计类别中禁止使用产品效果图："需要澄清的是，禁止使用的是逼真的产品概念效果图，但工程图、CAD设计图、草图和设计过程中的其他资料仍然可以使用，让人们看

到创意的过程是很重要的，尽管那些逼真的效果图看起来十分漂亮，但是因为会让人误以为是已经完成的产品，所以需要被禁止使用。"这成为了设计领域众筹项目的一个矛盾，一方面，为了筹集足够的资金来支撑设计项目，设计理念需要被那些不懂设计的人较容易地理解（因此希望看到的是逼真炫目的图片），但是另一方面，众筹者不应该被还不存在的信息所欺骗。创造力需要被表达出来，设计草图和概念图是设计表现中一个基本的部分。

公司规模

在小公司中，由于人员数量少，所以很多人是身兼数职的，所以项目负责人（设计方案要面对的听众）需要具有一些产品的常识和技术知识。如果项目负责人是公司的所有者，相关决策也会影响他/她的个人生活：如果公司获得了较大的利益，他/她将会直接受益；但如果公司亏损，项目负责人自己的利益也会受到影响。因此在小公司中，每一个决定都是经过深思熟虑的，关注的重点更倾向于长期发展。

大型公司拥有董事会，市场总监等成员都是资格较老的人，他们相对会更保守一些。在大公司中，各方的利益会不同，甚

至可能不受设计决策的影响，针对不同的对象，正确的/错误的决策会产生不同的影响，一名经理的利益可能与职业生涯更为相关，这种情况下，短期的决策会更有利一些（但对于公司却不同）。在大型公司中，项目负责人可以是市场总监或是公司的对外代表，他们可能并不懂设计技术知识或设计过程，当你和他们讨论设计问题时，就要注意选择合适的方式方法。

设计竞赛

在设计竞赛中，评委就是听众，要了解评委是否具有专业知识，以及是否经过视觉表达的训练等等是非常重要的。特别是对于网上竞赛，因为参加竞赛的门槛较低，所以参赛作品数量会非常大。评委们需要在有限的时间内评审所有的参赛作品，因此，评委没有时间去全面评估作品的设计理念，更多的是本能层的反应。

教育

在设计学校中，学期报告是学生学习表达技巧的重要途径，同时能得到不同老师的指导和评判。在这个过程中，学生们不得不去处理设计过程中遇到的各种各样的问题，为以后面对实际设计工作做了充分的准备。

Grolsch啤酒瓶

MASSAUD

Contact us

Discover ME.WE　Click to learn more

Massaud设计工作室的网站图片，突出了美丽、精妙和平静

4.3 说服力的艺术

根据古典修辞学理论，有三种手法能够使观看者信服：人格品质、情感诉求和逻辑诉诸，它们分别代表着可信度、情感性和逻辑性，这三点会在设计表现中同时展现出来。本章重点举例说明了不同情况下，哪种方法的影响会大于其他两种。

4.3.1 情感性

在这种修辞手法中，主要是利用观看者的情感因素。通常情况下，此种手法的目的是引发观众的积极情绪，例如幸福感或对美的体验。

下面农用机车的图片展现的是一台强大优质的机器，较低的视角显得这台农用机车无比高大，在这样一个美好的晴天下已经做好了割草的准备。

FLEX/theINNOVATIONLAB®设计的Lely割草机，表现出了积极的力量感

p. 187

p. 8

p. 83

p. 162

在nkp案例中的第一幅图展现了坚强有力的用户个性，这种个性品质也是挡泥板设计要表现的品质。

在Waarmakers踏板车的案例中，美学法则在有电源线的效果图中发挥了很重要的作用。因此，设计的本身就是在审美上取悦他人。

在LUNAR的设计案例中展示了设计的细节，更侧重于表现设计美学而较少表现产品用途。美的体验会使观看者产生积极的感受，这些积极的感受会转变成对产品设计的评价。

4.3.2 可信度

（视觉）信息的可信度取决于修辞者的可信度。设计工作室会在网站上展示一些设计过程，或展示一些典型的设计草图来使得观看者更加信服，从而表明设计师的专业性。

右图中是设计师刘传凯（Carl Liu）的设计草图，其中不仅仅展现了他的可信度，还说明了设计是一个持续发展的过程。你以前也许看到过很多草图在同一背景中用相似的方式进行安排，通常情况下，这些草图的内容并不是无关的，而是为了说明整个设计的连续性。

Granstudio.com网站的图片，展现了设计的过程

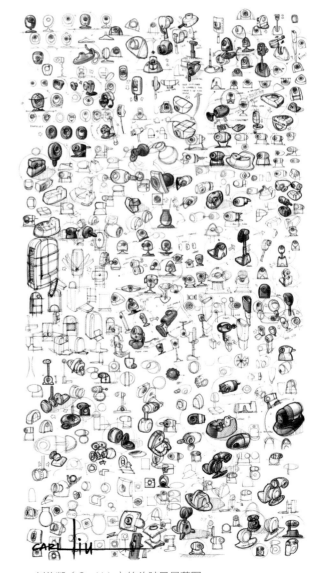

刘传凯（Carl Liu）的头脑风暴草图

MINIMAL设计公司的网站图片，展现了工作室的工作空间和其他设计信息

网站上使用的缩略图不仅起到视觉导航的功能，而且给观看者以多样性的体验，以此来提升设计工作室的可信度。在Pelliano案例中展示的草图簿也是为了强调可信度，用专业设计的工具来强调这样一个事实：你正在看的是一名设计师（而不是市场商人）的作品。高质量的草图说明了设计师的高水平，通常来讲，能够绘制草图是人们对产品设计师一个最基本的印象。

在ArtLebedev的案例研究中，通过以缩略图形式显示草图来体现工作室工作方式的多元化和创造力。

在npk的设计案例研究中，草图的缩略图体现了公司工作的严谨性与周密性。

当你浏览网页时，你会看到一些设计师只把已完成的产品设计展示出来。而另一些则会选择把设计过程的图片展示出来。把公司的工作方法展示给潜在客户能够示意客户他们将会得到预期的结果，从而避免任何"意外的惊喜"。

除此之外，这些图片能够使网站的访问者更加信服，便于了解工作室设计的独特性、周密性或是创造性，这种方式有助于传达这样的信息："我们会把客户的要求充分地考虑进设计中"，等等。

5.5设计工作室的网站图片，"我们的设计具有多样性，并且我们有丰富的经验"

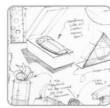
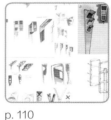

p. 25   p. 110   p. 166

p. 195   p. 86

p. 153

4.3.3 逻辑性

在这种修辞手法中，设计图像通过理性的逻辑论证来使观看者信服，例如设计奖项就是对设计水平的高度认可。在饮料瓶设计中，使用了另一个"证据"进行论证，用于说明该产品是经过严密的工程设计而产生的，这个"证据"就是在产品的图片旁边放置了典型的工程设计图纸来使人信服。右上图是一个效果更好的"证据"，展现了完整的设计过程，其中包括各种模型以及工程设计阶段的资料等等。

在WAACS设计案例中，手持的泡沫模型证明了人机工学被充分地考虑进了设计中。在Tminus案例中设计过程的结尾部分，向客户展示的是渲染效果图而不是草图，把CAD效果图充分与工程设计联系起来，表明了相关技术问题已经得到了解决。当然，这个案例是真实的，但是在实际设计中并非总是如此……

在Van der Veer的例子中，在公共汽车车身上通过构思胶带来证明可行性："请看，这个设计是可以实现的，并且比例很合适"。

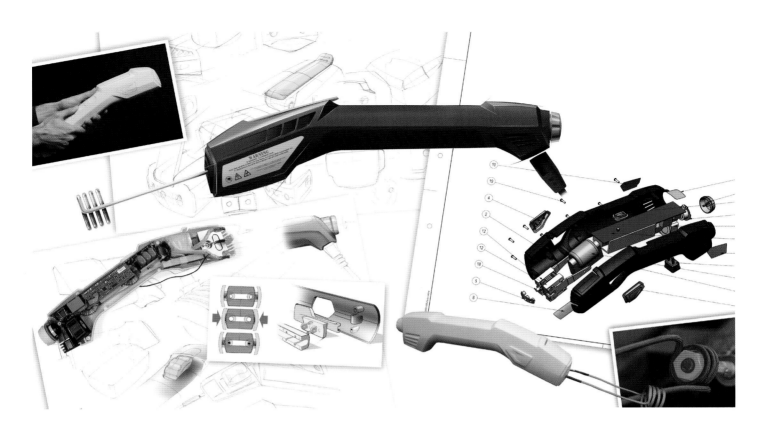

reddot design award

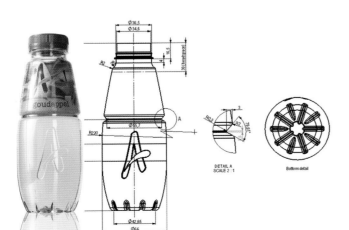

FLEX/theINNOVATIONLAB®的网站图片：为iDtools 设计的iDuctor精密加热器（上图），为Verstegen设计的调料罐（中图），为HERO设计的饮料瓶（下图）

4.4 设计可视化中的修辞

在创新性产品的设计表达中，一定数量的构图取景是必不可少的，否则观看者可能会看不明白。需要注意的是，过多的构图取景反而使得人们对信息的理解变得困难，最糟糕的情况就是设计方案（或是连同修辞者一起）失去了可信度。如同构图取景一样，视觉修辞本身就具有积极面和消极面。在政府宣传、广告、法律诉讼和新闻媒体中不恰当地或是过度地使用视觉修辞会带来负面效果。在牛津字典中，修辞甚至被描述为："使语言变得有说服力或使人印象深刻的方法，但往往被认为缺乏真实感或缺少有意义的内容"。

无论何时，图片都是用来向人们表明设计观点的，视觉修辞就是一种很好的工具。图像被用来客观地传递信息时，无论是有意的还是无意的，使用修辞手法都是不可避免的。网络上的图片常常从原有的语境中被拷贝出来并用在了其他地方，这可能完全改变了图片的作用，一定要注意你的图片在脱离了当下语境后会是什么含义。修辞就是为了增强说服力，有时仅仅依靠图片本身就有足够的说服力，但有可能表达的并不是很准确。假如在产品设计中，有一条清晰的设计信息需要呈现，那么运用视觉语言的理论和修辞手法能够更有效地表达出来。

让我们思考一下本书中的部分案例，分析一下它们的修饰手法。npk和VanBerlo这两个案例是非常常见的，在这些案例中，客户是设计表达的听众，他们非常关注产品的细节。客户参与到设计过程的决策之中，在设计者和客户之间存在相互信任的关系。

在Fabrique的案例中，客户是一家

大公司，金融风险相对较高，同时会有很多股东，项目需要向各类负责人汇报展示，但每次汇报并不是所有负责人都能够出席。在汇报中需要呈现包括设计过程和决策在内的完整的设计文件，同时也要单独向每一个股东汇报，所以需要把材料制作成册。制作市场宣传册也是出于相似的原因，这种情况下就被称为"产品宣传单"，在Pelliano的案例中可以看到。

在Waarmakers的案例中，产品设计过程得到了各方人员的资助（包括听众），最终的成果是产品原型以及精美的（照片级的）最终产品效果图，这些可以用来确定原型和募集资金。

LUNAR案例是一个由内部发起的项目，这意味着在设计过程中的所有沟通都是完全限定于内部范围。之后，该项目才在网上发布，主要是为了筹集资金，并为了这个目的专门制作了新的视觉资料。

在汽车设计领域，例如在Audi Design China的案例中，所有形式的沟通都是保密的，因为设计理念中包含了很多高度敏感的信息。内部听众都是经过概念草图"阅读"训练的，所做的决策也是在草图基础上的。

在Van der Veer的案例中，客户（听众）是一个较小的家族企业，该项目具有较高的财务风险，因此在项目实施过程中需要频繁地与客户交流。

马塞尔·万德斯的案例由于它具有引人注目的产品图片而显得尤为突出。Alessi的网站上也使用了这些图片，设计师的签名非常明显地展现出来，Alessi公司是他们自己网站的修辞者。

p. 162

p. 122

p. 116

p. 27

p. 83

p. 189

p. 11

p. 152

p. 132

语境下的设计草图

如果语境不明确，那么评价一张草图是很难的，一张头脑风暴草图的评价标准会不同于展示草图。手绘草图非常适合用于设计过程的开始阶段，因为草图比较容易修改，所以便于客户意见的参与。而无论是手绘效果图还是CAD效果图，因为其具有更多的确定性，代表着完成，所以不会与客户之间有过多的沟通和互动。当评价一张草图时，语境必须被考虑在内，语境对于构图取景来说是非常必要的。

第三章列举了各种各样典型的设计草图，它们都表达出了设计过程，因而很容易辨认，并且都有特定的草图风格，自信地表达出了设计师的选择过程、创造力和决心等等，那些（过于）小心翼翼、不具有这些特征的草图会显得缺乏设计自信、创造力和果断力。如果草图看起来缺乏自信，那么设计者也会被认为缺乏自信，设计方案和设计师都会失去可信度。

汇报演示及说服力

相对于设计过程中的其他展示方式来说，视觉汇报演示多少有些不同。通过成功的汇报演示，可以获得设计委托。在很多情况下，汇报演示发生在与其他投标人的竞争中。在这个过程中，具有吸引力的表现方式尤为重要，可以使得设计变得更加有说服力和吸引力，相比于其他类型的表现方式来说，汇报演示更具有说服力。除了要确定需要表达的内容以外（"汇报的是最优的解决方案吗？"，等等），汇报演示一定要说服客户，并让他相信。所以汇报演示中使用的图片往往要表现出设计完成后而不是现阶段的情况，也就是要展现出未来的视觉效果，在这种表现的方式中修辞手法能够发挥重要作用。

修辞手法列表

以下几个问题能够帮助你分析视觉信息的修辞情况，或是帮助你更好地完成表现过程。除了需要明确表达内容之外，更重要的是了解你的听众，他们是否了解这个产品或设计过程，是否接受过视觉训练等等。

– 修辞者是谁？你还是你的工作室？
– 你的展示对象是谁？你对这些听众了解有多少？
– 设计展示的目的是什么？你想对听众表达什么或想让听众相信什么？
– 你将要使用什么修辞手法：可信度、情感性或逻辑性？
– 遵循以下三步：选择、强调和解释。你选择的根据是什么？你要舍弃什么？同时要强调什么？
– 什么是重要的视觉元素？例如，给图片配说明文字、选择合适的视角、突出相关的重点等等。

参考文献

[4.1]   lidwell, William, Kritina Holden and Jill Butler, universalPrinciples
         of design, rockport Publishers, Gloucester, ma, 2003

[4.2]   http://nl.wikipedia.org/wiki/Framing

Van der Veer Designers设计公司，荷兰

VDL Bus &Coach公共汽车和长途汽车的设计语言和标识设计

随着几家公共汽车公司以及公共汽车零部件制造商的合并，埃因霍温的Van der Leegte集团启动了一项战略计划，成立了新的VDL Bus&Coach机构，把这些公司收购旗下，与Van der Veer Designers共同为了新一代的公共汽车和长途汽车计划开发新的设计语言和具有吸引力的品牌标识。

通常情况下，对于品牌和产品的视觉识别度是当前经济条件下一个关键的竞争因素，特别是在交通运输行业中，能够在较远距离快速识别是非常重要的（即当汽车在高速公路上行驶的时候），而且当近距离观察标识的时候，也必须保证具有较高的品质。

对于像VDL Bus & Coach这样的新机构，从一开始就建立高品质的要求是很重要的："你不会有第二次机会给人留下良好的第一印象"。

对于新的设计语言，最好的肯定就是公司的旗舰产品：Futura FHD，它被授予"2012年度最佳长途汽车"的荣誉。

我们从电子草图开始，大多数情况下用照片作为衬底，右侧的两张草图是这个项目最初的设计方案之一，我们的工作室选择将这个方案（连同其他两个）展示给集团CEO维姆·范·德·里格特（Wim van der Leegte）和他的项目团队。

1040_New Futura

这些草图（包括有照片衬底的和无照片衬底的）也展示给了董事会。我们有意地选择使用照片作为衬底，并让其稍稍可见，是为了展示我们的设计理念，这是因为新的Futura车型是建立在原有BOV A Magiq车型的结构基础上的。我们有意地在草图中隐约显露出Magiq的形态来证明比例和尺寸是真实的，这样的方式可以把概念设计与现有的设计联系起来，尺寸和比例也能够清晰展现。

与那些并不习惯于通过草图做战略决策的人交流时，这种方式就变得尤为重要。

越来越多的决策者看不懂图纸和草图等2D形式展现出来的信息，我们认为这些问题的出现是因为现在更多的公司主管和CEO不再是"产品人员"，而更多的是财务方面的专家。

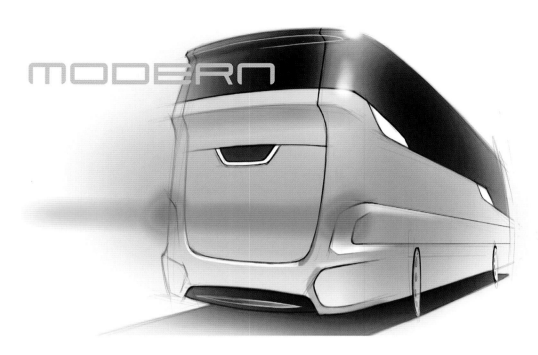

车身前侧和后侧的草图

国际VDL市场与销售会议中，在介绍新款Futura车型之前，这些草图被展示了出来，就是为了表明新一代长途汽车正在设计当中。

尽管这些草图是在设计方案确定之后、工程设计进行中绘制的，但是他们并不想让人们清楚地了解设计的进展情况。

注释：车辆的动感通过灯光的动态模糊效果来表现；红色是一种醒目的颜色，非常适合用来作为视觉焦点；加入适当的文字也强调了车辆的速度，同时突出了车辆的特性。

构思胶带图

　　我们直接在停车场的公共汽车车身上进行表现，这种方式被称作构思胶带图。对于长途汽车这样的产品来说，获得产品真实的体量感是非常重要的，通过电脑屏幕来评价设计的好坏是不可行的。

　　这些构思胶带图的照片被反馈给了VDL，实际上，我们把几乎所有的图片都展示给了VDL的管理层，但是并不总是用实物进行展示，对于状况报告的发送我们有着严格的制度。

　　这些图片是用来展示设计的，构思胶带图是获得产品真实比例和尺度的有效手段。车辆前部的一半用胶带来表现设计方案，与另一半现有长途汽车的前部进行对比，上图中显示了设计的主要特征。从Futura到Magiq最关键的变化是让前脸看起来不那么笨重，方案中改变了过低的挡风玻璃，这是BOVA车型的典型特征，这样的做法增加了车辆设计（和生产）的成本。通过这些图片，我们试着让管理层接受我们的设计方案，最终也确实得到了赞同，对于下面扩散器面板的设计方案也是一样。

矢量图被用来进行CAD制作，通过这些矢量图，CAD设计者可以获取车体截面和轮廓信息。

注释：在线图上加入一些细节和真实的元素能够有效地增加整体的真实性。轮毂和轮胎部位的深色阴影保证了草图在视觉上的平衡感，同时也增加了车辆整体的稳定感。

在这个过程中，Van der Veer Designers负责车体的外壳设计，并保证工程技术的可行性。从这个项目一开始，我们就不断地与VDL的工程师进行交流。面板的改动必须要保证与其他部件互不干涉，面板界面和分模线在Fit&Finish手册中都有规定，在这个阶段的许多图片也被广泛地用于状况报告。

最终设计成果的精度非常高，可以直接用于铣削生产聚酯纤维车体外板的模具，在这之前，我们已经制作了1:1的实物模型。

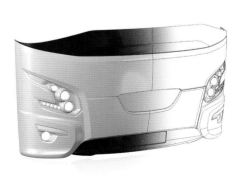

CAD渲染效果图

CAD干涉检测

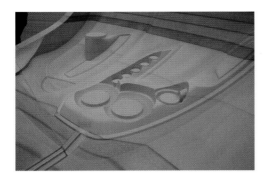

全尺寸模型的切削、打底、精修、喷漆和展示

我们将全尺寸模型展示给维姆·范·德·里格特和董事会，得到了一致认可。

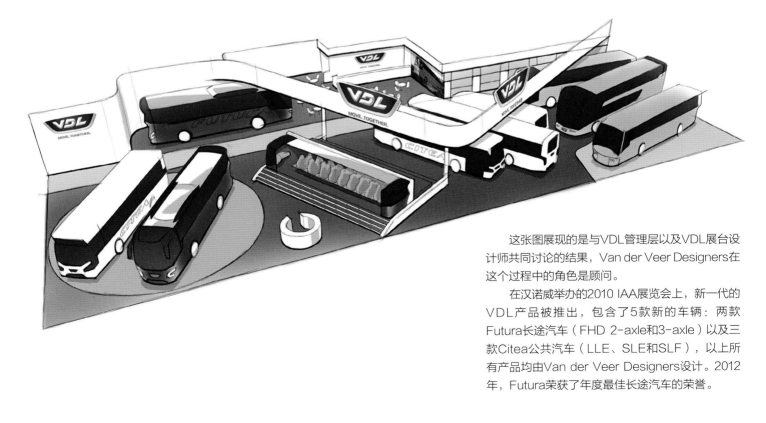

这张图展现的是与VDL管理层以及VDL展台设计师共同讨论的结果，Van der Veer Designers在这个过程中的角色是顾问。

在汉诺威举办的2010 IAA展览会上，新一代的VDL产品被推出，包含了5款新的车辆：两款Futura长途汽车（FHD 2-axle和3-axle）以及三款Citea公共汽车（LLE、SLE和SLF），以上所有产品均由Van der Veer Designers设计。2012年，Futura荣获了年度最佳长途汽车的荣誉。

Spark设计&创新公司，荷兰

PAL-V Europe N.V.公司的PAL-V个人空陆两用交通工具设计，原型

很久以前，人类就幻想过制造能飞的汽车。PAL-V的出现让人们马上就能实现这个梦想，这是一种新型交通工具，能够在陆地上像汽车一样行驶，也能像旋翼机一样在天空中飞行，它能简单快速地从行驶模式转换成飞行模式。

第一个原型已经制作完成，并且在陆地和天空中测试成功。作为该项目的发起者之一，Spark联合了PAL-V公司共同创造一种混合动力交通工具，同时满足陆地行驶和空中飞行的需求。

在项目研发阶段，设计概念的展示是非常重要的，最开始是为了展示视觉上的效果和获得资助从而进行可行性研究，随后是为了满足媒体的需要和吸引投资者，最后设计展示的意义在于协助开发团队共同把最初的想法转变为真正可以行使和飞行的产品原型。

初步概念

要想启动项目，资金是必须的，媒体通过我们绘制的可行性研究的设计草图来展示我们的概念想法，并且去争取资助。草图展示了关于飞行和行驶的基本想法以及人机关系，但草图中没有过多的细节。草图只是初步的和概念上的设计，使人们知道这个想法正在实现的过程当中。

注释：由于这个设计项目是非常规的且具有高度的创新性，尺寸和用途需要通过解释才能够让公众明白。红色（在交通系统中）是信号的颜色，代表着"警告"和"危险"，同时也是吸引注意力最好的方式。

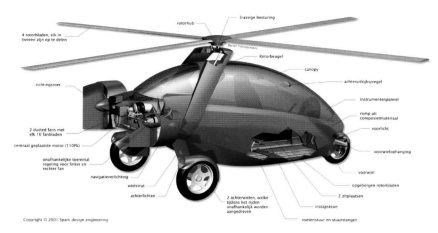

概念综述

　　我们进行了概念设计验证，技术说明是通过视觉可视化的方式展示产品的主要结构、功能、系统和关键特征，剖面图、文字注解、幻灯片和色彩图标使得设计概念的表达更加具有吸引力，这些被用于向投资者表达设计想法，也是为了用于媒体报道。

注释： 在设计表现中加以文字说明会使得设计方案的表达更清晰。

粗略的还是真实的？

　　在设计项目中的早期阶段，我们通常更喜欢那些粗糙的、概略的和未完成的草图。这样能够使客户意识到设计过程还未完成，现在的成果只是初期的，可能还需要修改，还有许多工作要做。

　　在汇报演示中，我们要使图像中的产品看上去更加像已经完成的产品，展示的东西要比现阶段的设计成果更加完善，并具有更多细节。这种情况下，我们更加关注的是产品将会成为什么样子，而不是设计项目中产品现阶段的样子。

造型探索

　　随着对于技术的深入研究，我们开始将基本的概念转变成真实的造型。我们通过各种方式获取灵感来源，例如参考资料、关于飞行和驾驶的故事等等，产生的任何念头和想法都被记录了下来。

　　这些草图在设计团队内部进行讨论，同时也分享给客户，让他们加入到设计的过程中来。这些草图不是为了展现实际的解决方案，而是为了展示和激发设计思路、洞察力和造型方式。

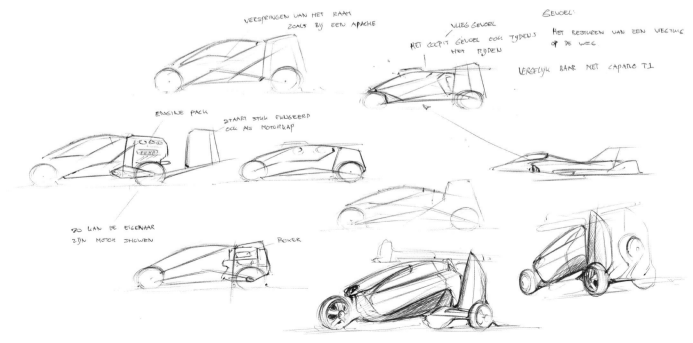

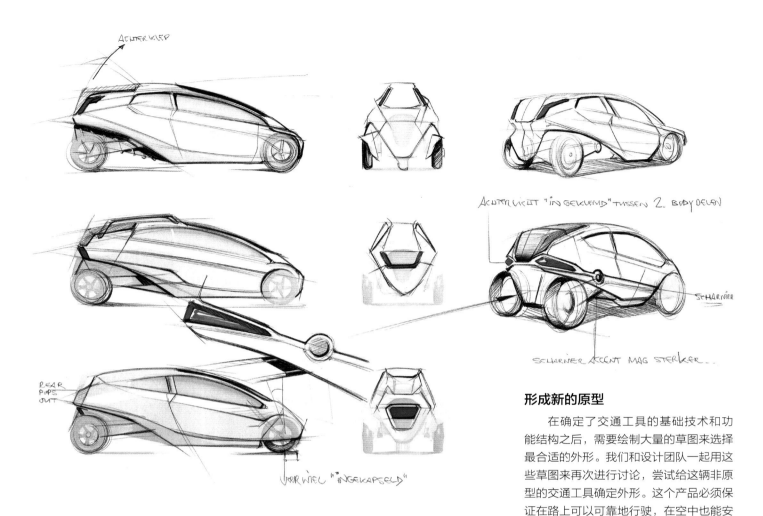

形成新的原型

在确定了交通工具的基础技术和功能结构之后，需要绘制大量的草图来选择最合适的外形。我们和设计团队一起用这些草图来再次进行讨论，尝试给这辆非原型的交通工具确定外形。这个产品必须保证在路上可以可靠地行驶，在空中也能安全地飞行。草图反映了项目早期的设计过程，早期的草图都是大胆的、清晰的，但并不完善。我们通过底图的使用来保证最佳的比例关系，同时可以加快草图的绘制速度。

技术结果

初步想法的草图吸引了大量的关注，由于这个交通工具需要同时满足陆地行驶和空中飞行的需求，所以对于这个产品来说有非常重要的一点需要满足：速度至少需要达到180km/h。为了达到这一点，会针对行驶和飞行的要求研究各种可行的技术方案。为了便于方案的研究，我们把可能的方案都进行粗略地CAD建模，这样能帮助我们快速生成功能选项，同时可以大概地确定产品外观的形式。在图纸上加上说明标签，每个人都可以清晰地看懂各种特性及子系统，而不需要在画面上展示更多的细节。

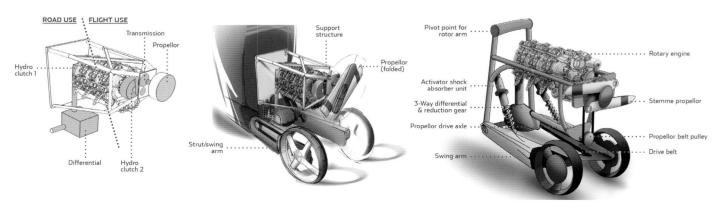

粗略模型

　　利用简单的材料快速制作成简易的模型，用来进行空间和外包装设计。在这个阶段，实际尺寸的模型会被制造出来进行真实的测试，同时向客户展示具体化、真实化的设计方案，除此之外，它有助于我们作为一名使用者的身份来评价产品的操控性、仪表盘和视觉线条。与此同时，绘制电子草图来探讨同时满足行驶和飞行的最佳驾驶方案。

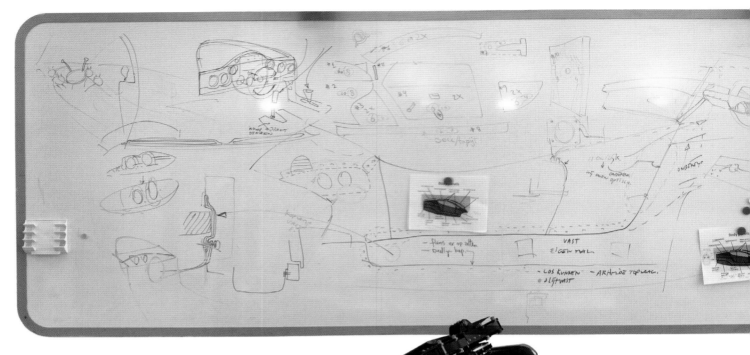

视觉对话

　　我们使用6米宽的白板来制作概念可视化展板，与电脑屏幕相比，白板的空间有限，但这个巨大的界面能够同时展现出许多信息，它能够方便我们针对设计想法进行组织、交流和整理。

　　我们与客户团队一起画草图、修改、删减，将其打印出来进行概览，并进行深入设计。在会议过程中，方案的可视化展示是非常重要的，能够随时激发新的想法，并及时进行交流，而且可以确保我们保持一致的关注点。

制作真实的效果

　　在产品的开发过程中，我们尝试用可视化方法来表达每个设计阶段的成果。在开始阶段，设计展示可以只是初步的草图，但在接近项目完成的阶段，设计展示就需要更加真实可靠。

　　当设计任务接近尾声的时候，细节已经被设计完成，我们希望这些细节能够被清楚地看到从而被更好地评估。用于展示的图片应该像照片一样具有真实的感觉，就好像这个交通工具已经被制造出来了一样，我们选择这样的视角是为了形成真实的体验感。

　　在图像中我们使用了灰色的背景，可以方便地用于各种目的的设计展示。

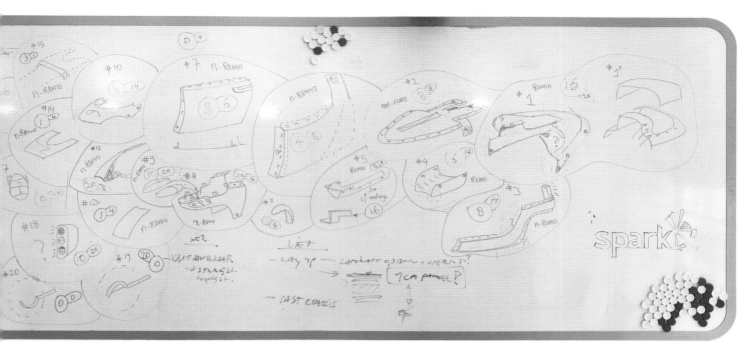

白模展示

在设计过程的早期，我们有时或多或少地需要用抽象的方法来表达某些设计理念，例如用于整个产品的概览、结构布局以及功能性解决方案，目的是不被外形、色彩或材质的具体信息所干扰。

不借助外形和色彩去展示一个物品是不可能的，但是我们通过白色哑光效果的形式来展现，这样能够建立一个更加抽象的画面，从而使人们更加关注设计的基本特性。这样的做法类似于用灰白色泡沫制成的粗略模型，缺少各种细节，也没有色彩和材质的区别，是一个尚未完成的设计。即使如此，客户有时仍然会把这种抽象的概念形式和真实的造型方案搞混。

真实产品

在项目完成阶段，设计展示的图片就要起到让投资者和客户信服的作用，在这个案例中就是制作一辆可以工作的原型机，这样就能够体现产品设计的可行性、使用的合理性以及市场价值。

最终，产品向全世界展示。

Npk设计公司，荷兰

德国SKS公司的企业形象和产品设计

SKS从1932年就开始制造自行车配件，作为SKS新的长期设计合作伙伴，在与该公司的合作中，npk从战略定位的角度分析了SKS的品牌、产品以及他们的终端用户。

SKS的产品主要服务于三类目标人群：山地骑行者、赛车手和所有公路骑行者。所有与用户相关的设计要点都集中在提供清晰的用户需求导向：哪些产品适用于我？

为了达到上述三种用户的服务目标，我们提出三条产品设计主线（城市、公路竞赛和山地），并分别为每条主线确定了独立的设计指南，用于指导产品设计、包装设计、平面设计、网站设计、产品目录、广告和销售。

对于产品设计语言的开发来说，关注的重点应该是用户，对于目标用户、需求趋势和发展条件的调查研究结果直接影响了开发的基本原则、品牌标识、产品主题和SKS价值。针对每种目标群体，我们确定了清晰的用户角色，通过这种途径制定了三种目标群体的设计指南。

我们为自行车设计了一系列的迷你打气筒、落地式打气筒以及挡泥板，其中一部分方案在这个案例中进行了展示。

在项目开始阶段，因为我们花费了大量的时间与客户沟通，共同为品牌制定了清晰的未来发展前景，现在我们与客户可以完全没有障碍地交流，往往只需很少的解释就能够明白彼此的想法。

注释： npk在设计中绘制了很多草图，由于这些草图同时也需要向客户进行展示，所以在草图表现中应尽量保持一致的风格。尽管每个设计师都有自己独立的风格，但他们都尽量展现nkp的统一风格。

在项目进行中，设计草图都被挂在墙上，保证随时可以看见，方便后续设计阶段的讨论，也使得设计想法能够可视化，同时有助于公司内部形成有感染力的气氛。

在设计起步阶段，我们在会议室中向客户展示这些草图。我们与客户一起讨论设计方案，并针对方案进行筛选和优化，一旦确定了草图方案，便随即进行到下一步的概念深入设计阶段。

在此阶段，我们针对客户的反馈意见在草图上进行修改，我们同时在不同的方案中进行细节的深入设计。在我们大部分的项目中，为了继续探讨更多的细节，在纸上的手绘草图和电脑上的矢量图会同时进行，这个阶段随时会把手绘草图转化为CAD图形。

这些草图也是要展示给客户的，它们不像最初的草图那样作为市场决策的基础，而是为了让客户明白CAD图形是从何而来。为了节省时间，CAD模型通常是通过屏幕截图来展现。

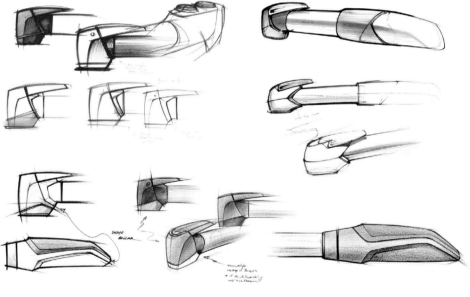

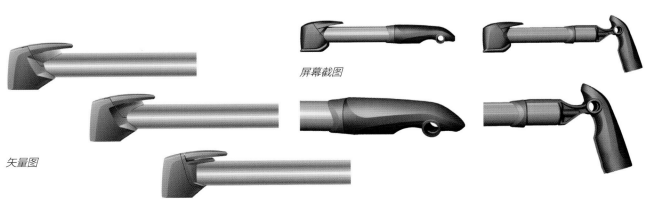

屏幕截图

矢量图

在此基础之上，选出三个最终产品方案进行CAD建模，并进行进一步优化，保证所有的产品细节都具有较高的质量。最终产品的效果是通过高质量渲染图来展现的。

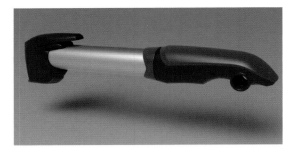

产品渲染效果图

有一些产品的设计是建立在已有的产品零部件基础上的，下图所展示的就是基于已有产品所添加的一些新的细节和功能，这个草图的重点就是向终端用户展示新添加的产品特性，图中着重表现了细节和材料的效果。由于必须确保零部件与产品之间能够很好地配合并具有一致性，所以这个过程需要强调对细节的表达。

产品照片

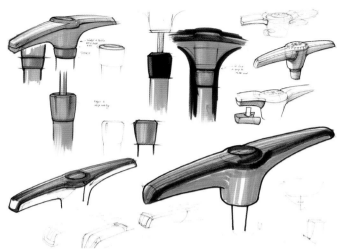

左上图是落地式打气筒最初的设计草图，为了在新产品的各个元素中加入更多的附加值，我们试着表现不同材料和颜色在一些零部件上的效果，同时也努力降低成本。

在本页的中间，你能看到一幅设计后期的草图。它比之前的草图更精细。我们对产品底部的支架进行了探讨，并增加了侧视图。这些产品就是各种不同要素的组合，保证各部分和细节间的一致性是设计成功的关键条件。为了表现各部分是如何组合的，我们绘制了整个产品的视图，从而论证各个要素之间的关系。

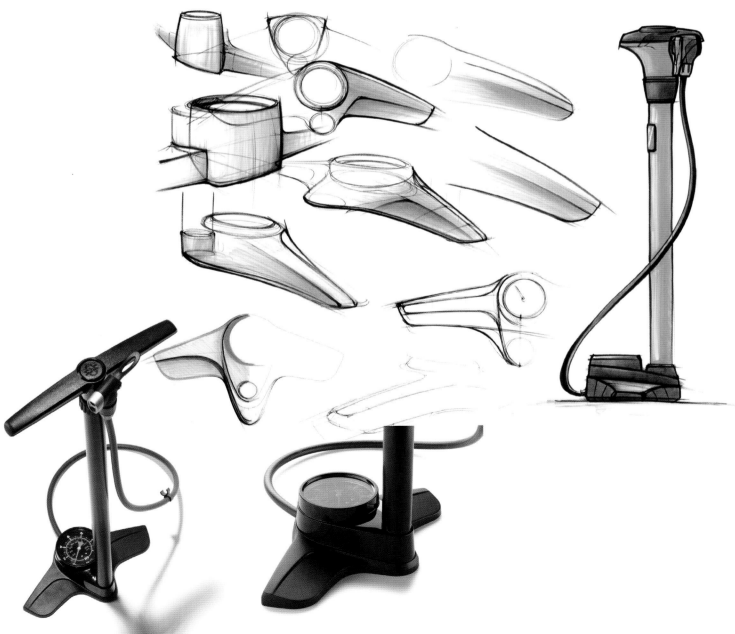

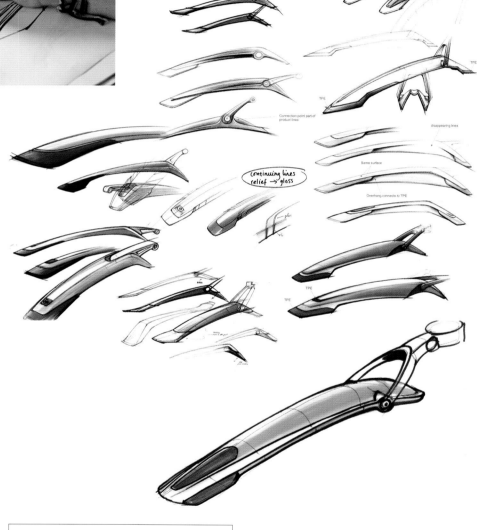

此页展示了我们在2012年开始这个设计项目时候的草图，这是一套自行车前后挡泥板的设计。

首先，我们集中精力展开后挡泥板的设计，与客户一起制作完成了大量的草图。这些初期的草图被用来研究比例、曲面、韵律、折线和质感等美学角度的问题，同时也被用来寻找巧妙的、可行的技术解决方案。

在讨论了这些草图之后，最终，我们从为SKS之前所做的项目中选取了一张草图作为本设计的出发点来展开设计工作。在之前的项目中，那张草图设计过于高端，但非常符合现在的设计要求，因此我们可以跳过整个开发阶段，立即进入设计的细化和完善。另外，只需要一轮的CAD设计就可以完成最终的设计方案。

初始草图-挡泥板的连接头

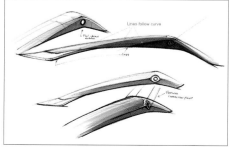

初始草图-可旋转的连接点

注释：这些设计草图再次被固定在墙上，方便我们与客户一起观看。之后，所有相关的草图都被扫描然后发送给客户。这些案例中，文字说明都是为了更好地让别人理解设计理念，引发进一步的深入思考。在随后设计阶段的展示中，我们总会把最初的设计草图展示出来用于说明设计理念。

随后我们进行后挡泥板的设计，在前挡泥板的设计方案中提炼出了设计思路。我们寻找到了一种方法，在这个长29英寸的前挡泥板中可以使用与后挡泥板橡胶组件相同的模具，但是仍然可以保证前挡泥板原有的外形设计。这些初始草图表现了折线和曲面的构思过程。

注释： 挡泥板被放在有自行车的语境中渲染，并且选择使用了灰色的背景，从而清晰地展现出了它的尺度与用途。

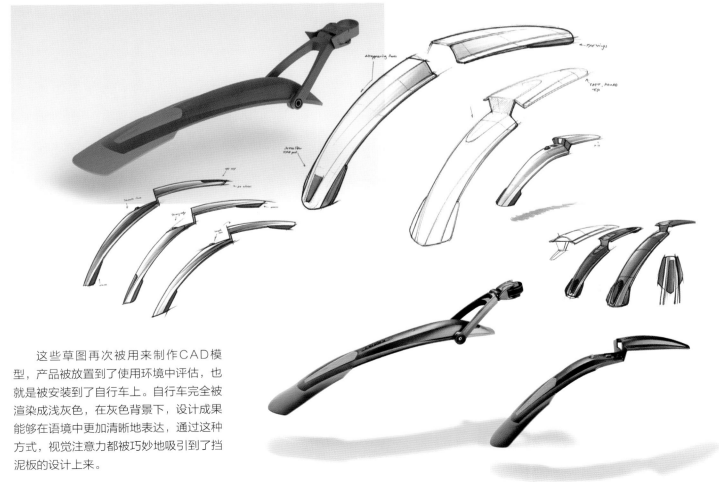

这些草图再次被用来制作CAD模型，产品被放置到了使用环境中评估，也就是被安装到了自行车上。自行车完全被渲染成浅灰色，在灰色背景下，设计成果能够在语境中更加清晰地表达，通过这种方式，视觉注意力都被巧妙地吸引到了挡泥板的设计上来。

Reggs设计公司，荷兰

AlcmAir公司的Vita-Q麻醉设备和ICU通气肺设计

设计案例

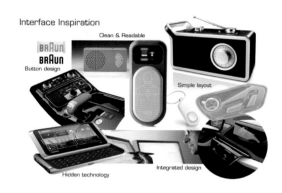

Interface Inspiration

Clean & Readable

Button design

Simple layout

Hidden technology

Integrated design

草图阶段

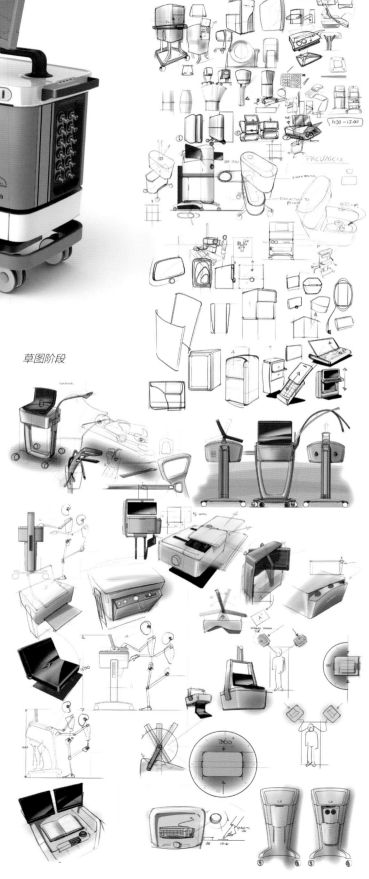

设计简介

基于麻醉设备的创新型系统设计，AlcmAir要求Reggs为终端用户——麻醉师设计这款具有易用性的VitaQ，来确保对病人采取最好的治疗手段，VitaQ的含义就是生命与质量。

VitaQ通过技术的准确性和系统的运行速度保证了治疗手段的安全和优化。Reggs在这次与AlcmAir的合作设计项目中负责可用性设计，而AlcmAir则拥有医学专家团队并负责技术开发。Reggs负责机械设计及原型制作，用户界面也在产品设计阶段完成，为使用者提供了最佳的操控性，它从手动控制系统变为了全自动的自学专家系统。

客户全权委托Reggs设计一台新的麻醉设备。

注释：为了获得一个最佳的外观和感觉，Reggs通过制作情绪板的方式来跟客户更加顺畅地沟通。

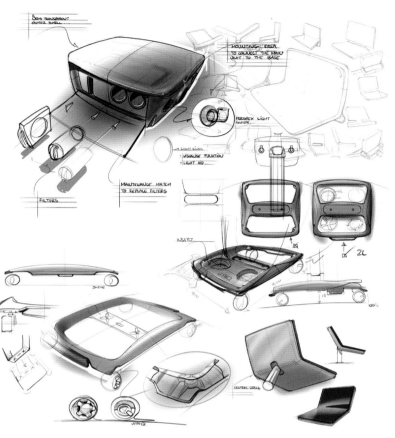

这些最初的、随意的、说明性的草图是为了记录概念构思，同时也是为了在技术、结构和人机工学可行性上进行内部沟通。这些草图被编辑进汇报文件中并呈现给客户，这么做的主要原因是为了寻找到客户的真正需求。

我们通过草图的方式向客户展现我们所提出的一个设计想法——在过滤器的周围加上可发光的边框，为的是在产品出现故障或者需要被替换的时候能够及时发光报警。草图能够被客户正确地解读是因为他们了解设计思路并参与到了设计过程中来。

概念阶段

我们在手术过程中观察麻醉师的工作方式，并采访了一些麻醉师，得出了三种不同的设计概念。这三种粗略概念的草图被放大，并以1:1的比例打印出来。打印的图纸按照正常产品的高度被固定在会议室的墙上，由客户、医学专家和设计团队针对造型共同进行评价，并给出关于这三种不同的方案在外观和可用性上的第一印象。

这样做的目的是获得反馈意见以用于下一个阶段的设计。我们使用清晰但粗略的草图进行展示，是因为它们在早期的设计阶段能够被灵活地解读，最终决定选择右侧的概念方案进行深入设计，因为它具有紧凑的外形和灵活使用的特性。

监视器、过滤器和制动器的人机工学概念设计

初步概念设计

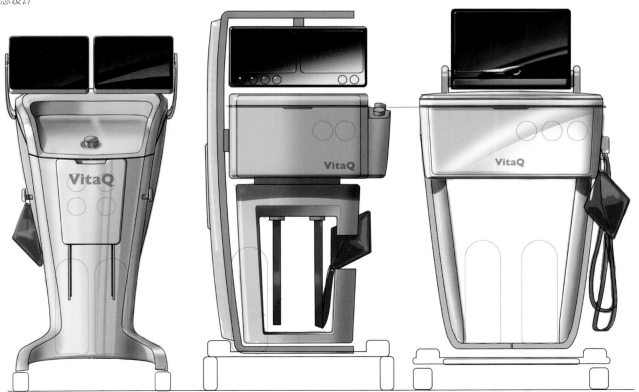

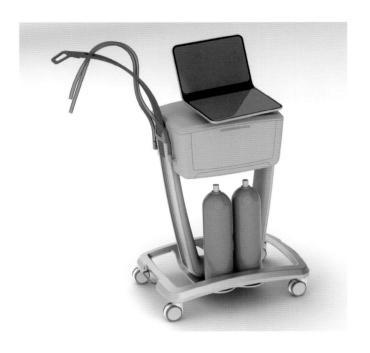

设计师与工程师之间的设计交流

外部设计草图与内部技术设计同时进行，那么技术工程师和产品设计师之间就会产生矛盾：有时候技术需要服从美学的要求，而有些时候则完全相反。

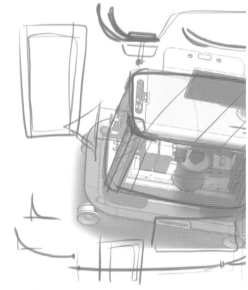

初步设计方案被用来根据AlcmAir的系统设计制作初步工作模型。最优的设计概念方案在CAD中被调试、建模和渲染，我们把渲染效果图展示给零售伙伴，告诉他们我们正在设计的产品在技术、设计和尺寸上都具有市场竞争力。

与市场上现有的产品相比，我们的产品尺寸更加紧凑。

快速记录设计概念，探讨放置替换瓶/二氧化碳瓶的位置以及如何把瓶体固定在结构上等等

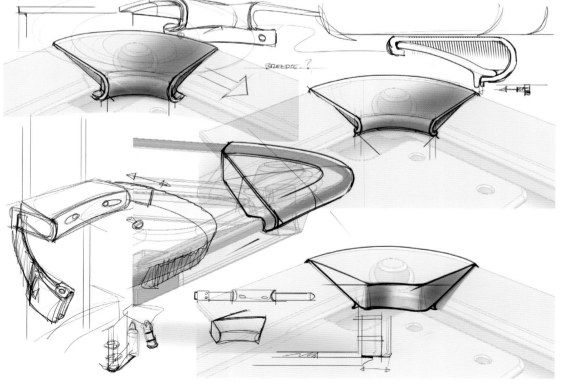

创造麻醉工作空间

在这个阶段，VitaQ的相关配置和附件需要被确定下来，我们通过草图来直观地表现各种设计方案的可能性和结果，草图用来向客户表达设计概念，同时供医学专家和其他合作伙伴讨论。最终的设计方案在这个阶段被确定下来，在4个月的时间内，草图主要用于建立完善的CAD模型，并制作第二个产品工作原型。

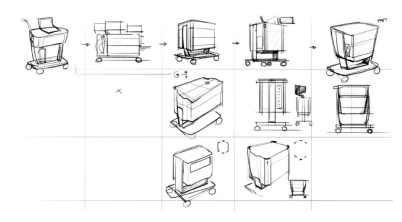

左侧的草图我们称为"现实核查"，在这个过程中，项目的期望和需求会有所变化，更多的要求会被提出来。我们把新增的需求在现实核查草图中进行表现，向客户展示考虑了他们所有要求之后的设计结果。

在与客户沟通之后，决定设计一个造型紧凑的麻醉装置，带有一个可以变成麻醉工作台的模块化扩展单元。我们把技术条件和造型设计转化为CAD模型，并制作了产品工作原型。

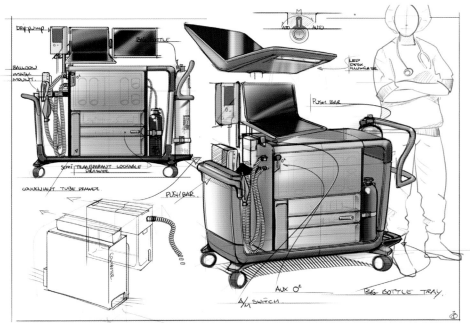

把所有的需求按要求实现后的最糟糕情况

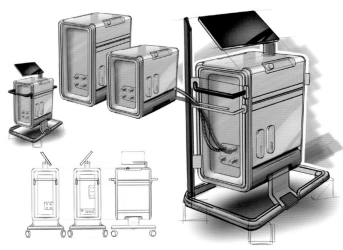

优化后方案的详细描述

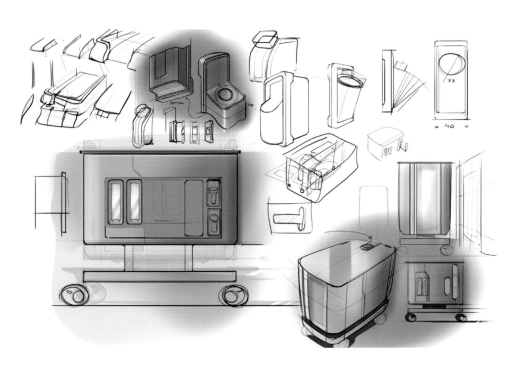

预生产阶段

第二阶段的产品原型被销售部门审核，他们要求提高内部组件和重要配置的清洁度。Reggs通过改进实现了设备内部组件在功能上的高度集成，新的设计草图使得VitaQ显得更加性感。在最终的设计中，根据医学专家的意见，所有内部组件被统一整合在一个箱体中。

完善造型

由于期望与需求的多变性，以及空间、结构和技术上的局限性，我们不断地探讨不同的解决方案，来应对各个部分的不同需求。

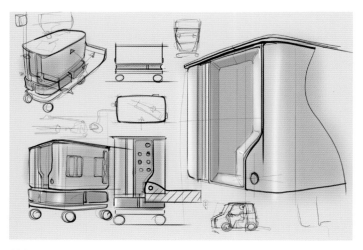

前部和侧部的人机工学设计

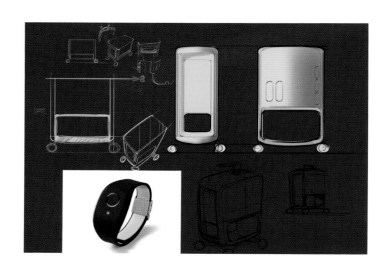

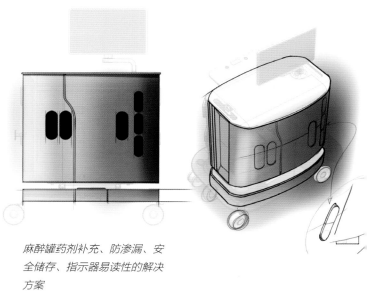

麻醉罐药剂补充、防渗漏、安全储存、指示器易读性的解决方案

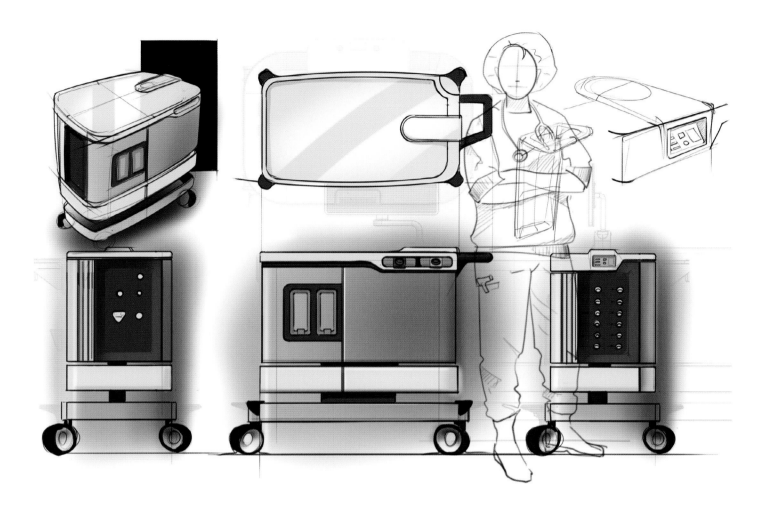

预生产模型

在得到客户AlcmAir、医学专家和技术伙伴对产品原型的积极评价之后，我们对设计进行了再一次的优化。

上面的草图是展示给客户看的，在客户同意之后，我们进入了预生产阶段。这是我们展示给客户的最终设计方案草图，从这之后，我们与客户之间的沟通就借助Adobe Photoshop修改后的效果图，以保证产品设计细节清晰无误地表达出来。

在最终设计草图的基础上，Reggs用电脑渲染图来展示完整的设计，从而向各方合作伙伴展示VitaQ的最终技术手段和相关设计规格，两款预生产模型在国际医疗器械及设备展览会上展出。一系列的十个产品被生产出来并进行了测试，得到CE产品认证，并在2014年开始了量产和销售。

第五章
感知的整体研究

信息探索应该是一种快乐的体验[5.1]

一张设计表现图，特别是一张综合文字、照片、草图和渲染图的、复杂的设计表现图能够对人的多种感知层面产生影响，最后一章针对这些层面探讨视觉表达的感知力和创造力。

5.1 感知的过程

感知通常被描述为"……是个体对外界刺激进行选择、组织和解释，并转化为有意义的相关形象的过程……"[5.2]。当我们看见周围的事物，我们的大脑会受到视觉信息的冲击，也就是所谓的"刺激"，但是，由于我们的大脑无法处理过多的信息，所以在无意识中就进行了信息的筛选，我们会对有意义的刺激做出反应，而忽略掉其他的刺激。

不同的人看同一张图片会有不同的理解，我们的感知不仅取决于我们所看到的，还取决于我们感知的修辞环境以及我们是什么样的个体。事物的本质与我们的期望相互作用，这决定了我们看到的事物是我们所期待的还是预料之外的。除此之外，观看者还会有自己的期望、兴趣、动机和情感。

大部分的心理学家认为感知过程有三个阶段：选择、组织和解释[5.4]。

Hiltl素食餐厅的广告：老虎，鲁夫·兰斯（Ruf Lanz），瑞士

选择：视觉信息的选择发生在我们最初看到事物的一刹那，就在你决定"你是看它或是不看它"或"我是否被吸引"的时候。根据格式塔理论，这是由爬行动物脑来决定的。

组织：组织就是把各种外界刺激转化为有意义的模式，并把我们看到的事物进行分类。组织的过程同样也借助格式塔理论而产生，在进一步的感知过程发生后，图形/背景或许就成为了最重要的元素。

解释：解释的发生取决于我们的知识、假想、价值观和态度，同时还包括过去学到的和体验过的东西，我们努力去探求被感知事物的意义。解释是感知中最主观的过程，主要受到观察者自身的影响[5.5]。语义学在这个过程中起到很重要的作用，所以对观察者情况的了解和掌握也是极其重要的。

5.2 AIDA模型

AIDA模型被广泛用于广告设计，由伊莱亚斯·圣·艾尔莫·里维斯（Elias. St.Elmo Lewis）在20世纪早期提出，它与上述的感知模型有相似之处。这种模型用来描述消费者观看广告时的不同感知阶段，因此有助于更加有效地向消费者传递信息。这是市场营销和广告领域的基础理论之一[5.6]。AIDA是注意（Attention）、兴趣（Interest）、愿望（Desire）和行动（Action）四个单词的首字母缩写，后来又加入了新的阶段，例如信任、信服、证明和满足。

注意： 吸引消费者/观看者注意力的能力。

兴趣： 让用户感到有非常大的兴趣，而不仅仅是吸引他们的注意力。构图取景的技巧可以在这里使用，将焦点聚集在对象的优势和益处，或者使用受欢迎的表达方式。令人愉快的内容和独特的标题会比那些铁一般的事实更容易被不同类型的大众接受，这样就可以通过一种让观看者很容易理解的方式来强调我们需要表达的信息。

愿望： 这是一种能够（通过修辞的手法）说服他/她发自内心想要某件产品的能力："吉姆，它改变了我的生活，我的生活不能没有它。"

信服： 这是后添加进来的阶段。渐渐地人们对广告产生怀疑并需要被证实[5.8]，因此，需要展示真凭实据来使观看者信服（修辞中的逻辑性）。

行动： 通过信息的传递刺激观看者行动起来。在市场营销中是指观看者购买产品；在众筹中指人们决定支持该产品。

5.3 观察事物的三种距离

与一般的感知过程一样，感知（复杂的）视觉信息的过程也可分为三个阶段。假如你正在展览会上参观或者在毕业展上欣赏海报，在这些情况下，观看者（听众）会被大量的视觉刺激所淹没，那么就要决定哪些要被关注，哪些要被忽略，你很有可能要经历以下三个阶段：

1 > **从远距离看** >（一瞬间）观看者会选择去看什么。

2 > **靠近一些看** >（几秒钟之内）那是什么？视觉信息被观看者进行组织并提取一定的意义。

3 > **放大了看** >（几秒钟之后）观看者想了解更多，更多的细节被发现，观看者对其产生了感兴趣甚至被吸引住。

当你进入挂满海报的展厅时，你会快速地浏览展厅，并选择先看什么，你的直觉会引导你，第一选择是在一瞬间完成的，并且是远距离地观察。

很快，在几秒钟之内，你会想知道"那是什么"或者"那是有关于什么的"？你极有可能会走近海报一探究竟。

如果你得到了满意的答案并仍然被这张海报所吸引，那么你就想更进一步地了解，这就进入了第三个阶段。在这个过程中，你会在视觉上被它吸引，并试图寻找更多的信息。你将会想知道更多关于设计的信息，例如设计是否可行，它是如何工作的，你是否希望得到它等等。

在信息图形领域中有一个相类似的视觉信息搜索模式：先总体浏览，再放大和过滤信息，最后关注细节。[5.1]

需要强调的是，不仅要在第一时间抓住观看者的注意力，而且要在三个阶段中都能够让观看者保持持续的关注。要知道，我们不可能一下就接收到所有的信息，但通过这三个阶段能够帮助我们做到这点。适当地隐藏一些信息（视觉暗示）也是必要的，这样能够使得观看者有继续深入了解的冲动，并且当他/她获得了想要的东西之后会得到满足感。掌握如何建立视觉层次或叙事结构的知识是至关重要的，具体见第二章格式塔理论的相关内容。

叙事结构

建立合理的叙事结构有助于更好地表达（复杂的）视觉信息。故事的主要组成部分是什么？它们在页面中是怎么样排序的？[5.3]对于设计表现来说平面草图可以解决上述问题，分析一下你的故事是什么，然后在不影响故事深度的情况下把它分为易理解的几个部分，然后再对其进行分级：什么应该被第一眼就注意到（远距离的），什么应该在接下来被看到从而有助于理解它是什么（逐渐靠近），最后当放大来看时，什么细节是观看者想发现的？

1　观看者的选择

当然，这里没有通用的方法来建立视觉的吸引力或注意力，但是，我们能从爬行动物脑理论、视觉语义学和格式塔理论中获得启发，通过建立一个焦点能够吸引某人的注意力，同时激起爬行动物脑的本能反应：我能吃掉它吗？它会杀死我吗？[5.9]

在论述格式塔理论的章节中还介绍了一些视觉方法可以吸引观看者的注意力[5.10][5.7]。

对比：具有强烈对比的草图会非常引人注意。但是，如果为了保证视觉的平衡性而过度地运用对比（以及以下任何一种方法的过度使用）也会令人厌烦。

强度：草图中有很多明亮的、高饱和度的颜色以及厚重的线条，或者有许多细节都会非常引人注意。事实上，照片总是比草图更吸引人。

色调：一些色调的使用会引人注意，或者能够激发某种情感或（符号学的）意义。

差异：具有差异的东西会比较引人注意。例如，不同风格和色彩的草图。除此之外，一个熟悉的物体放在不熟悉的环境中或新奇的产品放在熟悉的环境中都会引起人的注意。

尺寸：很明显，草图越大，你就越容易注意到它。

构图中的位置：画面中的某些位置自然地会得到更多的注意，例如图片的中心位置以及沿着阅读方向布置的信息。

2　它是什么？

展示一个清晰的、具有视觉吸引力的信息是十分重要的，此时设计的主要特征应该被突出显示或者至少让人容易理解。不要让观看者一眼就能读懂所有信息或者具有同等重要性的信息，把需要表达的信息进行组织，通过不同层次的兴趣点去引导观看者，要确保具有视觉层次，通过强调来表达焦点。此外，与草图相结合来展现其中哪个/哪些更为重要。要做到这些，最好的方法是用简短的词语或简洁的形式来表达设计的核心理念，并指明设计理念的主要特征，从而使得主要信息（特征和用途）在远距离观看时变得清晰且突出，这有利于体现设计的内涵。这听起来似乎并不难，但是当你处于设计过程中时就不同了，我们已经看到过不止一个学生在表现中忽略了最显而易见的信息。

另一方面，一定要确保设计的表现具有视觉上的趣味性，否则也许会让观看者失去兴趣。

在表达复杂信息时，建立视觉层次对于复杂信息的模块化处理十分有帮助。保证色彩的和谐统一是很好的方法，（视觉上）过于复杂或多样会使观看者失去兴趣，有限的色彩种类（和字体样式）会使得构图具有统一性。

3　了解更多内容

当然，这里所描述的各方面都会影响设计表达的效果而不是设计本身的好坏。设计理念本身就应该能引起观看者的兴趣，这是不言而喻的，如果使用的视觉材料能够更加具有说服力和信服力（修辞学），那么观看者会更感兴趣并被吸引，这时注意力就会转向更多的细节。视觉层次再一次给出视觉暗示，引导接下来观看者会看到什么。

总体印象

一旦你准确地找到了设计的主要特征，这些方面能够帮你在表达过程中保持一致性，隐藏在设计概念后面的理念通常也能被融入到设计表现之中。如果某种造型或感觉在设计概念中非常重要，那么在设计表现中一定要体现出这种造型和感觉，这决定了你如何进行构图，同时构图风格要与设计方案相匹配。

在设计表现中这三种层次非常具有代表性，观看者会通过这三个层次来初步感知相关设计信息。根据我们的经验，此时观看者也会调整观看的（心理的）距离，观看者随着自己的步伐放大和缩小对象，从而增强了观看的体验感，并在认知负荷上做出舒适地调整。我们的大脑可以同时感知美的体验感和语义的多样性等多方面的信息，这样就提高了设计表现的视觉丰富度。

迈克尔·卡斯泰尔（Mickael Castell）的作品集，法国，与behance.net网站上显示的相类似，学生项目（普纳的DSK ISD，印度），商标为NIKE,Inc.所有

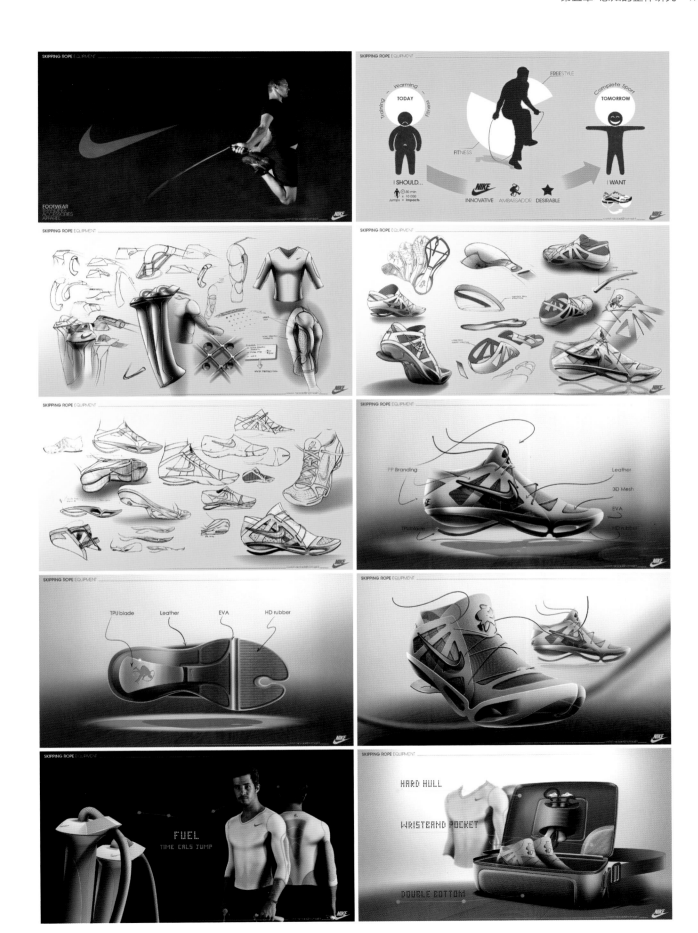

5.4 认知负荷理论

我们的大脑不断过滤接收到的视觉信息，大脑的这一部分工作被称为认知负荷。根据之前所讲的内容，在大脑处理这些视觉信息以前，人们首先可能就以一种预期的过程及产生顺序进行感知。[5.3]如果设计表达被组织得很好，使观看者更容易过滤相关信息，那我们就可以减少大脑的工作量，这就是认知负荷理论的指导意见。一方面，大脑拒绝过度复杂的信息；另一方面，正如在格式塔理论中提到的，我们也不能让视觉信息过于简单，大脑也不接受过于简单的信息，这会让人失去兴趣。你需要确保表达的信息不能太简单也不能太复杂以至于获取不到信息，换言之，你需要在感知中达到认知负荷的平衡。然而，我们所看到的信息，在别人看来也有不同的感知，想要控制观看者的主观感受是很难的，它们受到早期经验、个人品位等影响。所以我们再一次强调，对于观看者的了解是非常重要的，正如讲述修辞的章节中所提到的。想要更好地理解信息，不仅需要相关的专业知识，而且还需要一定的视觉认知能力，例如，一个经过视觉训练的人就能比一般的观看者更好地理解复杂的视觉信息，即认知负荷较小。

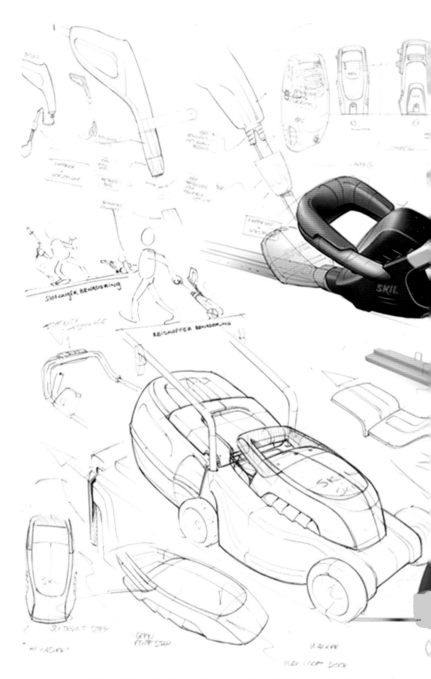

FLEX/theINNOVATIONLAB®的网站图片，展现了典型的产品设计草图和设计过程，荷兰

Text can be hard to read, attract too much attention or be disregarded

Text can be hard to read, attract too much attention or be disregarded

　　举例来说，如何选择（作品集）设计表现中的字体也用到了格式塔理论。一些字体看起来很漂亮但是很难被辨认，我们要避免使用装饰性太强的字体，避免干扰大脑的认知模式[5.9]，同时也不要使用太小的字体，如果文字（太）难辨认就是去了它的意义。

　　另一点需要说明的就是"对比效应"，人们的感知受到之前所看到事物的影响。如果在看过了一两个优秀的设计之后，那么一个普通的设计表现就会被认为是较差的；同样的一个设计表现如果放在一两个糟糕的设计表现之后来看，那么它就会显得很优秀。

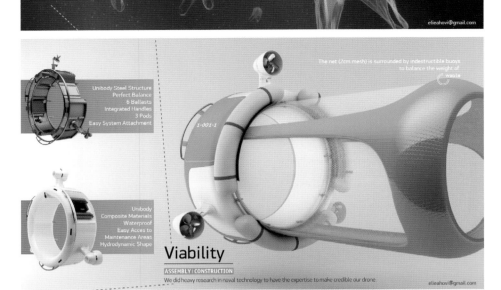

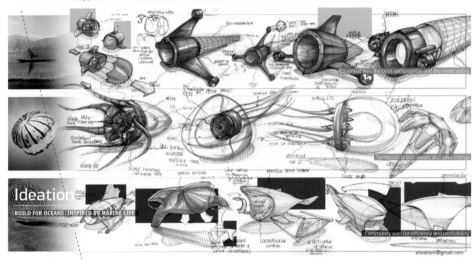

Drone 1-001-1是一个水下无人设备，用来在垃圾漩涡中收集塑料垃圾

埃利·奥沃伊（Elie Ahovi）网上作品集的图片，来源于www.behance.net

设计−埃利·奥沃伊、阿德里安·列斐伏尔（Adrien Lefebvre）、斐米娜·兰姆巴雷（Philomène Lambaere）、马里恩·卫普利兹（Marion Wipliez）、昆廷·索雷尔（Quentin Sorel）、本杰明·雷莫尔（Benjamin Lemoal）

3D建模−昆廷·索雷尔、本杰明·雷莫尔
效果图渲染−埃利·奥沃伊、昆廷·索雷尔、本杰明·雷莫尔（法国瓦朗谢纳ISD的学生项目）

5.5 为什么复杂的信息应该是美丽的

情感能够改变人脑解决问题的方式，当人们感到恐惧或高度焦虑时，大脑就会关注于如何才能生存下去[5.11]。焦虑使得思维过程受到限制，焦虑的人会寻找一些细节。当人们非常紧张时，思维就会失去控制，就会使我们变得"视野狭窄"，我们会集中关注于如何解决所面临的问题。

但是适当的压力会使我们集中精力而变得更加高效，这就是为什么人们为自己的工作设定最后期限，这样可以给人们带来适当的压力，从而高效地完成工作。相反的，令人愉悦的情感能够拓宽人的视野，在这种情况下，我们容易突破思维定式，产生创造性的思维。当你感觉良好时，就会非常适合进行头脑风暴，就会有更多的创造力和想象力[5.12]，当处在愉快的气氛中时，头脑风暴会非常有效。由产品的美感所带来的愉悦感会使人更容易了解一个产品，并不是因为产品本身良好的性能和简单的运作，而是因为我们解决问题的能力得到提升。当我们心情愉悦时，即使想法没有实现也不会太过于烦恼，我们会更有耐心，同时会寻找其他替代方案。

在对视觉信息的感知时也是一样的，如果视觉表达能够给人美的感受，即使它很复杂也会变得很容易理解；当我们面对一个毫无吸引力的设计表现方案时，如果它需要我们付出努力才能得到我们需要的信息，那么我们会感到非常厌烦。如果设计表达能够让人产生在视觉上的美感，那么我们就能够接收更多复杂的信息。

这里呈现的作品在视觉和感受上都保持了一致性，展示了各种各样令人愉悦的、重要（大量的）和详细的信息，最重要的特征得到了突出表现，引起了本能层的反应。虽然不能够在第一眼就完全读懂所有信息，但是这些信息都是易于识别的。视觉上的美感能够引起人们的兴趣并忽略不懂的信息，同时让人们非常着迷。要想了解更多，观看者就需要放大了仔细观察，并满足于在其中所发现的内容。

参考文献

[5.1]   The Eyes Have It: A Task by Data Type Taxonomy for Information Visualizations – Ben Shneiderman, University of Maryland, 1996

[5.2]   The concise Oxford Dictionary, Oxford University Press

[5.3]   The functional art, an introduction to information graphics and visualization, by Cairo,Albert, NewRiders, 2013.

[5.4]   http://socyberty.com/psychology/the-stages-of-human-perceptual-process

[5.5]   www.reference.com/motif/science/perception-process-stages

[5.6]   www.boundless.com/marketing/integrated-marketingcommunication/introduction-to-integrated-marketing-communications/aida-model

[5.7]   http://advertising.about.com/od/successstrategies/a/Get-To-Know-And-Use-Aida.htm

[5.8]   www.mindtools.com/pages/article/AIDA.htm

[5.9]   100 Things: Every Designer Needs to Know About People, Weinschenk, Susan, Ph.D.,New Riders, 2011

[5.10]   www.universalteacherpublications.com/mba/ebooks/ob/ch2/page3.htm

[5.11]   Emotional Design, Norman, Donald A, Basic Books, New York, NY, 2004

[5.12]   P sychologist All Isen in [5.11]

LUNAR（欧洲）设计公司，德国

LUNAR（欧洲）设计公司的内部项目，VE骑行训练器设计

LUNAR是一家世界排名前十的设计公司。

家庭健身器材通常是粗短且笨重的，经常使客厅或地下室的环境显得非常压抑。有这样的感觉并不意外，因为绝大多数健身器材是为专业健身中心设计开发的。而LUNAR的设计师想要改变这种情况。

因此，我们把健身和家居两种不同的主题通过新的设计结合在一起，使新的产品非常前卫且具有美感。

我们的目标是设计一款功能强大的健身器材，除了健身用途之外，还可以像雕塑一样来装饰客厅，产品结合了"生活"与"时尚"。以VELA骑行训练器为例，它的作用不仅是健身，还变成了一件精美的艺术品和具有表现力的雕塑作品。

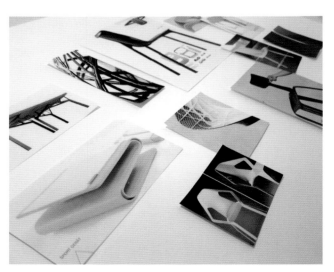

用于获取灵感与联想的图片

人们都想过得更好，都在为健康
而努力，也希望能住在一个漂亮的家
中，却往往缺少时间、精力或动力定
期去健身房。我们的产品能够为人们
提供一种直觉的、沉浸式的体验，在
家里打造一种全新的健身环境，与此
同时也能起到优化生活空间的作用。

我们设计团队的出发点就是要
抛弃并超越以往的固有模式，我们去
除了传统骑行训练器中不是必需的部
分，并建立了一个空白的模板进行重
新设计。空白的模板允许我们在全新
的语境下来看待它，全方位地去审视
它，直到形成一个既美观又实用的设
计概念。

注释：当LUNAR内部启动这个设计项目
时，草图和所有的视觉材料都被作为概念
形成的支撑，用于设计团队内部的测试和
评估。

要注重草图与文字相结合的表达方式，文
字说明会给草图的表达增加额外的沟通形
式，这些手写的文字是进一步解释设计理
念、表达想法和方案选择的有效方法。

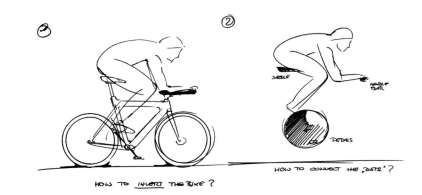

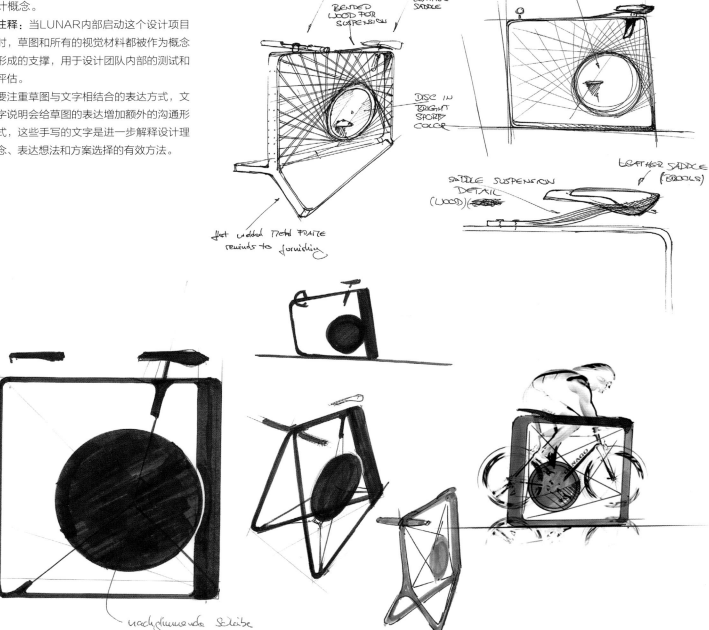

第一眼看上去，这个设计一定要有足够的魅力作为家庭重要的装饰部分，同时，骑行训练器所有的标准功能需要被保留下来或得到加强。在看过第二遍或第三遍之后，就要在细节上体现出该项运动的特点，最终结果就是要改变固有的骑行训练器在家中的摆放方式，让新的产品像雕塑一样融入家庭环境之中，又要把骑行训练器的传统功能加以拓展。

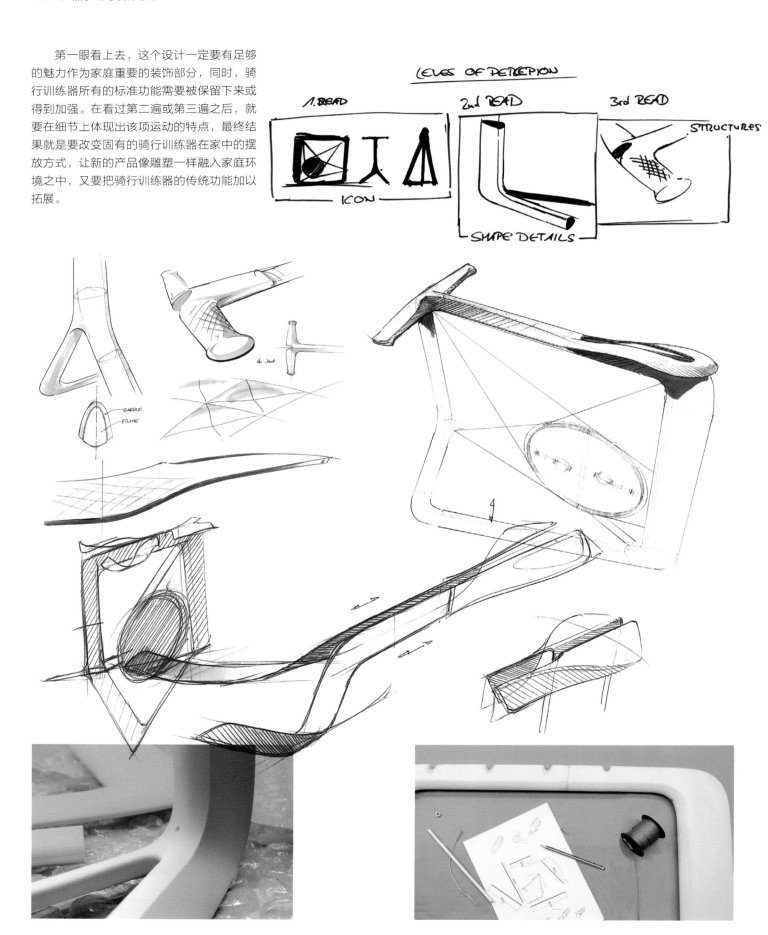

根据人机工程学的要求，我们考虑到每个人体型不同，所以我们要使这个产品容易调节。

产品设计需要考虑人脑感知的三个层次，首先看到的只是整体形象，被称为"第一印象"，会把产品缩小来看它的几何外形。假设你走进一个房间，从远处看见一辆自行车，这种距离给人的感觉需要进行细心地设计。如果产品能够带给人很好的"第一印象"，那么就具有了标志性的外观，LUNAR始终努力在他们的产品中做到这一点。

"第二印象"就要关注设计中各个部分的细节。

最后，"第三印象"关注的是设计中的结构元素，这些元素只能在近距离观察产品时才能被发现。通常，一个产品对于细节的重视能够使它在众多的产品中脱颖而出。

在这三个层次中，我们都要不断地优化最初的设计方案，这就意味着在完善方案的过程中，需要进行多次修改，并快速绘制大量的草图。我们不断地在每个产品细节（例如手把与车座）设计中精炼和强调原始设计意图。

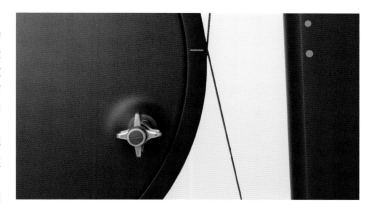

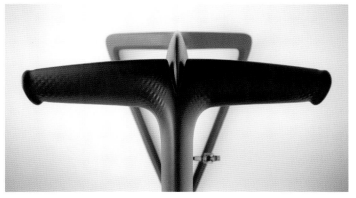

手把和车座的外观细节

在项目的最后阶段，我们侧重于考虑产品的用户体验。用户体验设计就是要设计人与产品之间有形和无形的相互作用，若想获得优秀的用户体验，就要考虑到不同的基本情境。

我们把情境中一切不必要的东西都从训练体验中去除，因此要创建一个空白模板：用户想要的是享受训练过程，同时也要达到有效的肌肉塑形和燃脂效果。我们怎么样才能提供一个既具有完美造型又能够提供沉浸式体验的产品呢？

VELA设计的出发点来源于最初的头脑风暴会议：这时的想法不需要像检查心率那样用屏幕展示出来。为了向使用者说明它们骑行的速度有多快，他们是否达到了所设定的运动目标，我们把有效的训练通过一种与众不同的方式表现出来：在骑行训练器周围展现出运动动画的美丽投影，来创造沉浸式的运动体验，并在运动的过程中提供运动反馈，就像在户外骑自行车的感受一样。

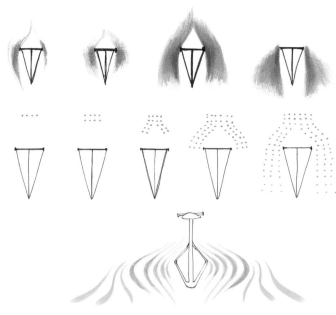

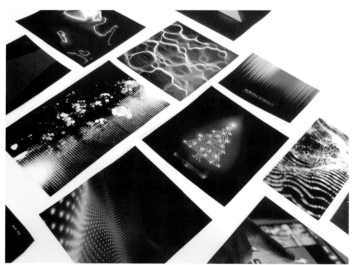

激发灵感/联想的图片

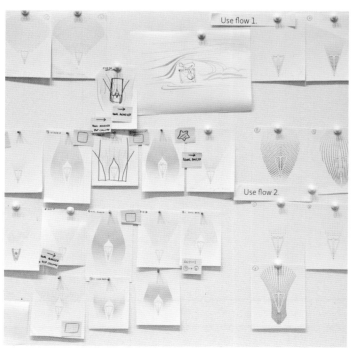

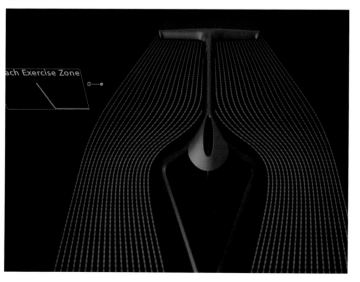

对于投影的视觉设计，我们决定使用微小的光点图，虽然单独的光点是很简单的，但是大量的光点汇聚在一起就具有高度的灵活性并能表达出许多信息。我们通过草图、情绪板和小组讨论的方式逐个设计使用情境。我们从鸟瞰视角来设计VELA人机交互的呈现方式，因为这就是坐在单车上时的用户视角。我们通过Illustrator软件使我们的设计数字化，并调整光点的尺寸、色彩和速度，直到形成动画，这些也是我们最终设计成果的一部分。动画演示和一些图片被用来向公众展示我们的设计概念，VELA的诞生，使我们能够转变居家锻炼的用户体验。

注释： LUNAR公司将图片和视频展示在他们的网站上来提升设计的视觉效果并吸引潜在的投资者。同时，这作为产品测试的样品，用来激发潜在用户的兴趣。LUNAR公司也将设计放入用户情境中，由于外观设计是高度创新的，这就需要让公众明白产品的用途。视频短片能够显示出投影的效果，与此同时，也起到了配图的作用，这样就吸引了公众的好奇心，使他们想要了解更多。

Tminus设计工作室，加利福尼亚

Altec Lansing公司的 NW100家用音响设计

设计

Altec Lansing公司NW100的设计理念是创造一个完美的家用音响解决方案，它把现代科技与Altec Lansing公司多年传承的高保真音频解决方案优势相结合，外观设计非常整洁，陶瓷般的外表带有图标元素。

设计纲要

Tminus设计工作室被委托建立一种标志性的形象，能够提升Altec Lansing的设计语言和品牌导向。这款产品的开发具有标志性的意义，将作为未来品牌语言的导向。

如果用一个词来概括这个设计，那就是"干净"。

早期设计过程

我们的整个设计过程都是可视化的，由于内部电子结构已经基本确定，所以我们从视觉识别的思路出发，这样可以增强设计的美感。我们使用带有一些相关元素的情绪板来确定一些主题，通过"假定"的方法去激发发散性初期草图的绘制。通过这种方式获得的设计思路非常广，就像设计师斯宾塞·纽金特（Spencer Nugent）所说的"从文雅的到狂野的"，从而让客户跳出固有模式去思考最终产品的样子。我们相信探索设计的可能性也是我们工作的一部分，只有这样，设计结果才可能会与众不同且令人难忘。在发散思维的边缘，有时我们就能找到最佳的设计思路。

MATERIAL

CONTROL

CONNECT

STATUS

情绪板

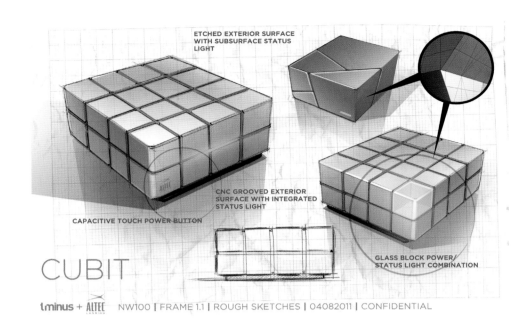

CUBIT

1.1版本的概念表达很明显是对于概念的第一次编辑，我们向客户展示了粗略的、快速绘制的草图，这些草图从项目框架确定之前的情绪板中提取了美学要素和功能特征。

粗略的草图没有精细的图面效果，但是它保证了设计想法的开放性和新鲜感。我们认为将这个设计阶段的想法和成果都展示给客户看是十分必要的，这样在项目的一开始就不会让客户对最终设计成果有不切实际的期望。

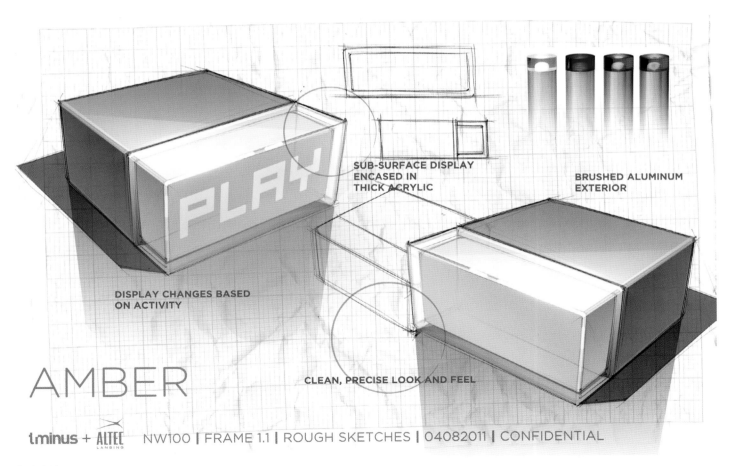

AMBER

概念表达

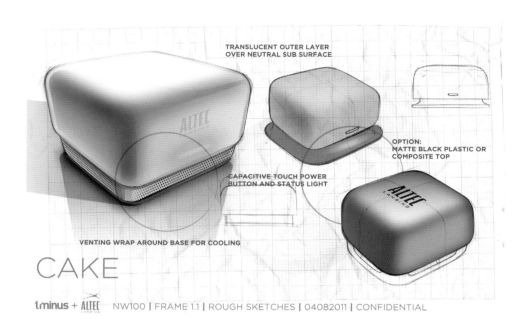

TRANSLUCENT OUTER LAYER
OVER NEUTRAL SUB SURFACE

OPTION:
MATTE BLACK PLASTIC OR
COMPOSITE TOP

CAPACITIVE TOUCH POWER
BUTTON AND STATUS LIGHT

VENTING WRAP AROUND BASE FOR COOLING

CAKE

t.minus + ALTEC　NW100 | FRAME 1.1 | ROUGH SKETCHES | 04082011 | CONFIDENTIAL

概念表达的目的就是要向客户展示最终设计成果可能的设计方向，其中包含关键的功能、零部件的拆解、材料以及成品效果，有时还包含用途及使用案例。

注释：使用褶皱的工程设计图纸作为背景的目的在于表达这只是一个不成熟且未深化的设计方案，尽管使用了 Adobe Photoshop 软件对手绘草图进行了一定的渲染。

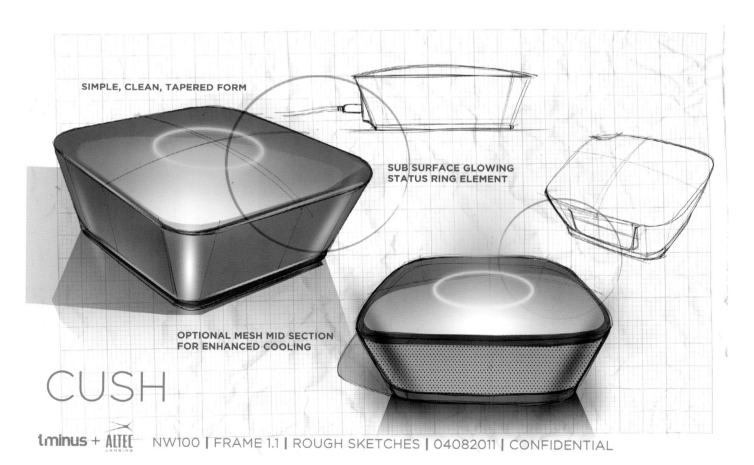

SIMPLE, CLEAN, TAPERED FORM

SUB SURFACE GLOWING
STATUS RING ELEMENT

OPTIONAL MESH MID SECTION
FOR ENHANCED COOLING

CUSH

t.minus + ALTEC　NW100 | FRAME 1.1 | ROUGH SKETCHES | 04082011 | CONFIDENTIAL

概念表达——继续

注释：在这个设计案例中，初步概念表达中的构图都是相类似的，两个较大的、较为精细的草图被布置在对角的位置，并被一些小的、没有阴影的草图所环绕，图中加入了一些文字说明，所有草图都被布置在褶皱的设计图纸上。一定要注意到这种设计表达方式能够加强对比性，并能够区别于后期的设计表达草图。

在讨论了每个设计概念的优缺点之后，我们从大约20个概念中挑选出来很少的几个概念进入下一阶段的深化。

此时，基于内部电子结构要求创建基础CAD模型，用于准确地确定最终设计方案的外观尺寸，并且较为精确地展现每一个概念方案的比例。

尽管这个阶段的设计概念已经完善了很多，许多要素已经确定，但是仍然会有想法的分歧。

注释：现在这个阶段表现图中的背景就比之前的清晰且简单，当越来越接近最终设计结果时，设计表现就更应该呈现出强烈的确定性。

这些渲染图展示了材料、成品效果和各个零部件的组合方式，突出表现了在工程条件限制下的主要特征，这些都是基于用户的要求。

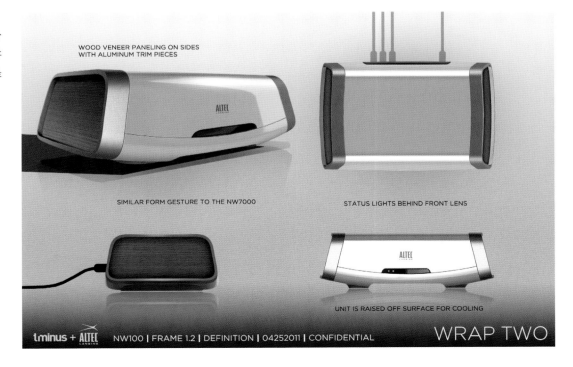

FRAME 1.2 CONCEPTS

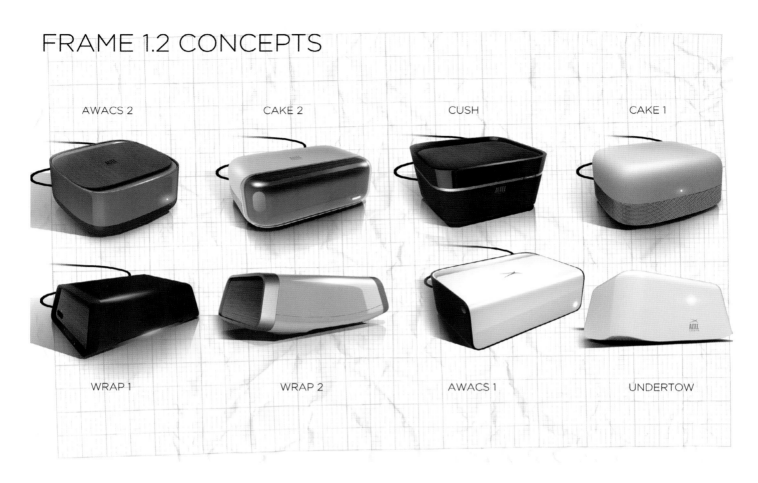

AWACS 2　　CAKE 2　　CUSH　　CAKE 1

WRAP 1　　WRAP 2　　AWACS 1　　UNDERTOW

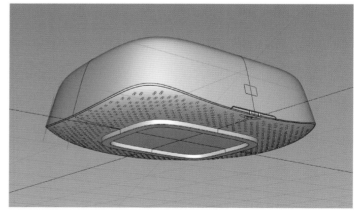

上图中展示了所有1.2版本的设计方案，用户要求展示出所有的设计过程，从而能够向高级管理层汇报。

线条形态在一定程度上体现出了设计概念的演变过程。

CAD模型的屏幕截图

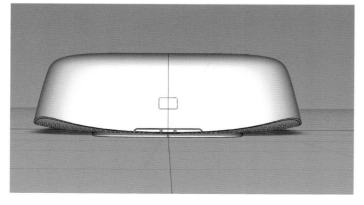

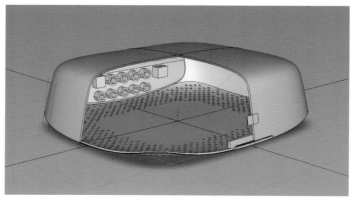

LIGHTING OPTION A

SMALL CUTOUT FOR LED LIGHT
THAT SHOWS ACTIVITY

STATUS LIGHT UNDER BASE OF UNIT
GLOWS DIRECTLY ON THE SURFACE
ON WHICH IT RESTS.

tminus + ALTEC | NW100 | FRAME 2.1 | REFINE | 04292011 | CONFIDENTIAL

CAKE

CAKE ONE

CONCEALED VENTING AREA
UNDERNEATH RAISED LIP

BRUSHED METAL BAND
WITH INTEGRATED LIGHTING

TOP

RIGHT

FRONT

tminus + ALTEC | NW100 | FRAME 2.1 | REFINE | 04292011 | CONFIDENTIAL

CAKE

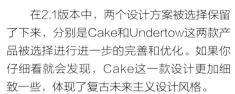

在2.1版本中，两个设计方案被选择保留了下来，分别是Cake和Undertow这两款产品被选择进行进一步的完善和优化。如果你仔细看就会发现，Cake这一款设计更加细致一些，体现了复古未来主义设计风格。

Undertow设计方案的表面和品质也进行了优化，造型简洁并更加具有陶瓷的光泽感，简单的表面看似不复杂，但是要实际加工的话就会非常的困难。

2.1版的设计表现图是原型制作、设计评价和最终生产之前可视化的最后一个环节。在这一阶段，针对这两个方案的任何改变都是不允许的，在不破坏外观造型美感的条件下功能上的调整也是很有限的。

tminus + ALTEC | NW100 | FRAME 2.1 | REFINE | 04292011 | CONFIDENTIAL

CAKE

参考文献

Adams, Sean, Morioka, Noreen, Stone, Terry, Color design workbook, Rockport, 2006

Bergson, Henri, The Creative Mind: An Introduction to Metaphysics (Introduction à la metaphysique), 1903

Bertin, J. (1967). Sémiologie Graphique. Gauthier-Villars. Bron: webite boom.beeldtaal /extra_theorie /visuele_morfologie

Boeijen, Annemiek van, Daalhuizen, Jaap, Zijlstra, Jelle, Schoor, Roos van der, Delft Design Guide, BIS Publishers, 2013

Broek, Jos van den, Willem Koetsenruijter, Jaap de Jong and Laetitia Smit, Beeldtaal Perspectieven voor makers en gebruikers, Boom uitgevers, Den Haag, the Netherlands, 2010

Cairo, Albert, the functional art, an introduction to information graphics and visualization, NewRiders, 2013

Cooper, G, Cognitive Load theory as an aid for instructional design, paper in the Australian Journal of Educational Technology, 1990

Eissen, Koos and Roselien Steur, Sketching, Drawing Techniques for Product Designers, BIS Publishers Amsterdam, the Netherlands, 2007

Eissen, Koos and Roselien Steur, Sketching, the Basics, BIS Publishers, Amsterdam, the Netherlands, 2011

Ensenberger, Peter, Focus on composing photos, Elsevier, 2011

Hashumoto, Ala, and Mike Clayton, Visual Design Fundamentals, a Digital Approach, Course Technology, Boston, MA, 2009

King, D. Brett, Max Wertheim & Gestalt theory, Transaction Publishers, 2006

Lidwell, William, Kritina Holden and Jill Butler, Universal Principles of Design, Rockport Publishers, Gloucester, MA, 2003

Munsell, A. H., A pigment color system and notation, 1912

Norman, Donald A, Emotional Design, Basic Books, New York, NY, 2004

Shneiderman, Ben, The Eyes Have It: A Task by Data Type Taxonomy for Information Visualizations, University of Maryland, 1996

Verbruggen, Jeroen K., Creative Reflexion in industrial Design, FLEX/theINNOVATIONLAB®, Delft, the Netherlands, 2012.

Water, John van de, Je kunt China niet veranderen, China verandert jou, Uitgeverij 010, 2011

Weinschenk, Susan, Ph.D., 100 Things: Every Designer Needs to Know About People, New Riders, 2011

Roukes, Nicholas, Design synectics, Riders, 1988

The concise Oxford Dictionary, Oxford University Press

Yarbus, Alfred L., Eye movement and vision, 1967

网站链接

www.advertising.about.com/od/successstrategies/a/Get-To-Know-And-Use-Aida.htm

www.andyrutledge.com/gestalt-principles-3.php

www.auto.howstuffworks.com/under-the-hood/auto-manufacturing/reptilian-brain-car-manufacturing2.htm

www.beeldtaal.boom.nl

www.blog.xlcubed.com/2008/05/gestalt-laws-charts-and-tables-the-way-your-brain-wants-them-to-be/

www.boundless.com/marketing/integrated-marketing-communication/ introduction-to-integrated-marketing-communications/aida-model

www.ccsenet.org/journal/index.php/elt/.../8353

www.char.txa.cornell.edu/language/element/element.htm

www.colormatters.com

www.colorvoodoo.com/cvoodoo2_gc_lookin.html

www.colourlovers.com

www.core77.com

www.coroflot.com

www.crystalinks.com/reptilianbrain.html

www.daphne.palomar.edu/design/gestalt.html

www.en.wikipedia.org/wiki/Euclid%27s_Elements

www.facweb.cs.depaul.edu/sgrais/gestalt_principles.htm

www.graphicdesign.spokanefalls.edu/tutorials/process/gestaltprinciples/gestaltprinc.htm

www.graphicdesign.spokanefalls.edu/tutorials/process/visualanalogy/visanalogy.htm

www.hinduism.about.com

www.informationisbeautiful.net

www.interaction-design.org/encyclopedia/gestalt_principles_of_form_perception.html

www.jesus-is-savior.com

www.library.iyte.edu.tr/tezler/master/endustriurunleritasarimi/T000560.pdf (apple)

www.math.ubc.ca/~cass/Euclid/papyrus/papyrus.html

www.mindtools.com/pages/article/AIDA.htm

www.nl.wikipedia.org/wiki/Framing

www.psychology.about.com/od/sensationandperception/ss/gestaltlaws_3.htm

www.quicksprout.com/2013/08/01/7-conversion-optimization-lessons-learned-from-eye-tracking/

www.read.uconn.edu/PSYC3501/Lecture02/-prof. Heahter Read.

www.reference.com/motif/science/perception-process-stages

www.socyberty.com/psychology/the-stages-of-human-perceptual-process

www.universalteacherpublications.com/mba/ebooks/ob/ch2/page3.htm

www.webdesign.about.com/od/color/a/aa072604.htm

www.webdesign.about.com/od/color/a/bl_colorculture.htm

www.wikipedia.com

www.wired.com

www.wnd.com/2012/09/black-clouds-and-black-flags-over-obama/

设计案例

ArtLebedev设计工作室，俄罗斯
为ISBAK公司设计的伊斯坦布尔Isiklarius交通信号灯，2011
www.artlebedev.com
艺术总监：阿特米·列别杰夫（Artemy Lebedev）、蒂姆尔·波巴耶夫（Timur Burbayev）
设计师：阿列克谢·萨拉萨科夫（Alexey Sharshakov）、安德烈·法比舍夫斯基（Andrey Fabishevsky）、瓦西里·马金（Vasily Markin）、玛丽亚·宝瑞洛娃（Maria Borzilova）、查·夙世（Sushi Chao）、菲利普·戈尔巴乔夫（Philipp Gorbachev）
第三章设计案例

Audi汽车设计，中国
为北京设计的汽车，2012
www.audi.com
学生设计师：马可（Ma Ke），北京工业大学
企业导师：菲比安·维内特（Fabian Weinert），沃特·凯茨（Wouter Kets）
简介部分设计案例

VanBerlo设计&咨询公司，荷兰
Durex品牌Embrace快感凝胶包装设计，2013
www.vanberlo.nl
设计师：诺·克拉森（Noud Claassen）、桑德尔·泰森（Sander Thijssen）、托恩·范·卫顿（Teun van Wetten）、伦斯·霍克（Rens Hoeke）、杰伦·索伦（Jeroen Thoolen）
第三章设计案例

Fabrique设计工作室与Mecanoo建筑事务所合作，荷兰
为ProRail（荷兰铁路基础设施部）、NS（荷兰铁路）和bureauSpoorbouwmeester咨询机构设计的火车站设施及设备，2008-2013
www.fabrique.nl
设计师：托马斯·卢克·波雷斯（Thomas- Luuk Borest），林内·巴博曼（René Bubberman）、杰伦·范·艾尔（Jeroen van Erp）、梅林·希伦（Merijn Hillen）、尤尔根·凯文霍文（Jurgen Kuivenhoven）、克里斯·尼茨坎普（Chris Nijkamp）、加斯佩尔·唐克（Jasper Tonk）、弗朗西斯科·文斯特拉（Francesco Veenstra）
第三章设计案例

Fuseproject 设计公司，加利福尼亚
Beiersdorf AG公司的Nivea设计语言和包装，德国，2013
www.fuseproject.com
设计总监：伊夫·比哈尔（Yves Behar）
第二章设计案例

LUNAR（欧洲）设计公司，德国
LUNAR（欧洲）设计公司的内部项目，VELA骑行训练器设计，2012
www.lunar.com
设计师：弗洛里安·乌波特（Florian Wuebert）、荷娜·刘（Haneul Yoo）、马蒂斯·哈曼（Matthis Hamann）
第五章设计案例

Npk设计公司，荷兰
德国SKS公司的企业形象和产品设计，2010-2013
www.npkdesign.nl
设计师：贾威廉·博格内特（Janwillem Bouwknegt）、吉约特·迪凯努瓦（Guyout Duquesnoy）、马丁·范·盖尔德伦（Martijn van Gelderen）、马特·邓·霍兰德（Marte den Hollander）
第四章设计案例

Pelliano品牌服装，荷兰
西服、配饰与包装设计，2013
设计师：马瑞·林西那（Marin Licina）
第一章设计案例

Reggs设计公司，荷兰
AlcmAir公司的Vita- Q麻醉设备和ICU通气肺设计，2014
www.reggs.com
设计师：沃特·普林森（Wolter Prinsen）、卡林·迪杰斯特拉（Karin Dijkstra）、伊姆雷·韦尔霍芬（Imre Verhoeven）
第四章设计案例

Spark设计&创新公司，荷兰
PAL-V Europe N.V.公司的PAL-V个人空陆两用交通工具设计，原型，2012
www.sparkdesign.nl
Spark设计&创新公司成员：罗伯特·巴恩霍恩（Robert Barnhoorn）、桑德·哈维克（Sander Havik）、安克·肯彭（Anke Kempen）、罗杰·范·罗森（Rogier van Rossen）、埃里克·威伯科莫斯（Eric Verberkmoes）、安东尼·维贝克（Antony Weinbeck）
PAL- V Europe NV公司成员：克里斯·克罗克（Chris Klok）、麦克·斯特克伦博格（Mike Stekelenburg）
www.pal-v.com
第四章设计案例

Tminus设计工作室，加利福尼亚
Altec Lansing公司的NW100家用音响设计，2011
www.studiotminus.com
Tminus设计工作室设计师：斯潘塞·纽金特（Spencer Nugent）、约翰·穆伦坎普（John Muhlenkamp）
Altec Lansing公司创意总监：吉伦·奥洛斯（Glen Oross）
第五章设计案例

Van der Veer Designers设计公司，荷兰
VDL Bus &Coach公共汽车和长途汽车的设计语言和标识设计，2012
www.vanderveerdesigners.nl
设计师：威廉姆·范·比克（William van Beek）、耶特让·范·博格尔（Gert-Jan van Breugel）、里克·德·路维尔（Rik de Reuver）
模型师：巴斯·克林吉德（Bas Kleingeld）、艾伯特·尼乌文赫伊斯（Albert Nieuwenhuis）、埃里克·范·斯图伊文博格（Eric van Stuijvenberg）、耶特让·范·博格尔（Gert-Jan van Breugel）
第四章设计案例

WAACS 设计公司，荷兰
Bruynzeel公司的My Grip钢笔设计，2011
www.waacs.nl
第二章设计案例

Waarmakers设计公司，荷兰
Be.e: 无骨架式生物复合材料电动踏板车设计，2013
www.waarmakers.nl
设计师：玛顿·黑特耶斯（Maarten Heijltjes）、西芒·阿卡雅（Simon Akkaya）
第二章设计案例

马塞尔·万德斯，荷兰
意大利Alessi品牌的Dressed炊具设计，2012
www.marcelwanders.com
第三章设计案例

图片版权

第一章

Advertisement of the True Colours campaign for Faber-Castell by Ogilvy and Mather, 2011.

Chameleon on the branch by Tambako the Jaguar, (Wikipedia Commons) 2012.

WWF advertisement of the Red Tuna campaign by Ogilvy, France, 2011.

Lilli Doll by Haba, Germany, 2014.

Advertisement of the "Don't talk while he/she drives" campaign for the Bangalore Police Dept., by DDB Mudra Group, India, 2010.

Pelliano设计案例

Advertisement image of the I'mperfect campaign: Photography by Sascha Varkevisser, the Netherlands.

第二章

Beginning image of the two boxes, creator not found.

Design and image of the Brand design for Grolsch beer by FLEX/theINNOVATIONLAB®, the Netherlands.

Image by HEMA, the Netherlands, 2011.

Pubic awareness campaign for separating household refuse and recycling for the City of The Hague, by Noclichés, the Netherlands, 2011.

Stratigraphic Porcelain Project for ceramic 3D printer by Unfold Design Studio, Belgium, 2012. Photography : (top) Unfold, (bottom) Kristof Vranken.

Icons by Designmodo.

"Boring still life objects turned into erotica" by Blommers / Schumm for Baron, the Netherlands, 2012.

'Heroes of The Invisible' vase, photography and design by FAT (Fashion Architecture Taste), UK, 2008.

Euclid's Elements Image by Bill Casselman, Dept. of Mathematics, University of British Columbia, Vancouver, Canada.

fuseproject设计案例

Images by Beiersdorf A.G, Germany.

Waarmakers设计案例

Torpedo by Jerry Koza, Trash Me lamp by Victor Vetterlein, Still image of video clip Neem me mee by Gers Pardoel, Saddle image by Wrenchmonkees.

第三章

Road sign "fuel pump" by Samukunai.

Modern Dresser Wayne pump at a BP service station in Greece by Aaron Lawrence.

Korean road sign "Notice of Service Area" by P.Cps1120a (Wikimedia Commons), 2012.

Rio 2016 Olympic Games Sport Pictograms by the Rio 2016 Design Team, 2013.

GC-R-155L shopping cart by Scaffoldmart, N.C., USA.

Design and image External hard drives for Freecom and Vitality cookware range for Tefal by FLEX/theINNOVATIONLAB®, the Netherlands.

Latex and garlic, a visual analogy by Francois Audet, 2007.

Code of arms of Gelre by the 15th century Huldenberg Armory by Arch (Wikimedia commons).

Advertisement image of the "Imagine" Campaign for LEGO, by Jung von Matt, Germany, 2012.

Advertisement of the "Big movies, mobile size" campaign for Vodafone by Schultz and Friends, Germany, 2010.

Icons by Designmodo.

Image by Google.

White flag by Jan Jacobsen (www.worldpeace.no).

Swiss flag at Piz Languard hut by Ian Lord (on Flickr).

Design and image of the Vitality cookware range by FLEX/theINNOVATIONLAB®, the Netherlands.

Logo of Apple Inc.

马塞尔·万德斯设计案例

Pages of the Alessi brochure VIEWON FW2012, images Marcel Wanders / www.alessi.com, video stills of the Alessi promotion video "Fall Winter 2012 Collection", video Giacomo Giannini, screen dumps of the Alessi webshop 2013.

第四章

Image Aristotle, part of the Ludovisi Collection, at the National
Museum of Rome, by Jastrow (Wikimedia Commons).

Tarta Ergonomic back rest design and images by Tarta S.r.l., Italy,
2013.

Vendinova SOUP-SERVER, design and images by VanBerlo,
the Netherlands.

Biolite HomeStove and CampStove design and images by Biolite,
USA.

Website image Icelandic Water Ltd., 2014, by Kjartan
Pe(accentigu)tur Siguro(o)ssen.

Images of the Nike Epic Sportpack for Nike by Phil Frank,
Washington.

CBR600FD body conversion kit, design and sketches by Felix
Danishwara, CA.

Image of Grolsch bottle by Grolsch beer.

Homepage image by Studio Massaud, France. www.massaud.com

Image of the red Lely baler machine, design by
FLEX/theINNOVATIONLAB®, image by Lely.

Website image by Granstudio, Italy. www.granstudio.com

Website image by MINIMAL, IL. www.mnml.com

Brainstorm sketches by Carl Liu.

Homepage image of 5.5 designstudio, France.
www.5-5designstudio.com.

iDuctor presentation, design and images by
FLEX/theINNOVATIONLAB®.

Packaging for spices for Verstegen, design and images by
FLEX/theINNOVATIONLAB®.

Drinking bottle for HERO, design and images by
FLEX/theINNOVATIONLAB®.

第五章

Advertisement image of the "Hiltl Vegetarian Restaurant: Tiger"
by Ruf Lanz, Switzerland.

Portfolio images of Mickael Castell, France. Student project at
the DSK ISD at Pune, India.

The Nike logo is a registered Trademark of NIKE, Inc.

Brand language for Skil, design and images by
FLEX/theINNOVATIONLAB®, the Netherlands.

Images of the website portfolio of Elie Ahovi, IL.

Design – Elie Ahovi, Adrien Lefebvre, Philomène Lambaere,
Marion Wipliez, Quentin Sorel, Benjamin Lemoal 3D modelling
– Quentin Sorel, Benjamin Lemoal Render – Elie Ahovi,
Quentin Sorel, Benjamin Lemoal. Started as a student project
at the ISD Valenciennes.